우리 별자리 이야기

밤하늘에 새겨진 우리 겨레의 영웅과 신들

우리 별자리 이야기

안상현

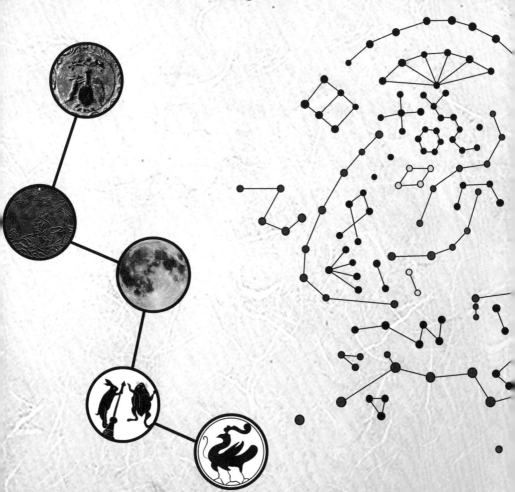

좋은땅

머리말

밤하늘에는 별이 몇 개나 있을까? 우리 할머니 말씀이, 밤하늘에는 별이 삼백육십 개가 있다고 하셨다. 그 많은 별을 다 세어 보았냐고 여쭙자 할머니께서 대답하셨다. "동서남북에 각각 스물스물 있고, 머리 위에 빽빽하게 있으니까 합치면 삼백육십 개지."

별은 제멋대로 흩어져 있지만, 사람들은 그 별을 이어서 어떤 모양을 이룬다고 생각한다. 그것을 별자리라고 부른다. 별자리라고 하면 아마 사자자리, 전갈자리, 백조자리, 페르세우스자리, 오리온자리 등과 같은 서양 별자리가 떠오를 것이다. 그런데 우리에게도 우리 나름의 별자리가 있다. 지난 2000년에 출간했던 《우리가 정말 알아야 할 우리 별자리》는 이러한 우리의 별자리를 소개한 책이다.

그러나 그 책에는 몇 가지 아쉬운 점이 있었다.

첫째, 그 책의 '우리 별자리'는 사실은 대부분 고대 중국의 별자리이고 진짜 우리의 고유한 별자리는 그리 많지 않아 아쉬웠다.

둘째, 그 책을 쓸 때 옛 천문학과 별자리 점괘 등은 세종대왕 때의 천문학자 이순지가 지은 《천문류초》를 참고하였으나, 별자리 모양 자체는 조선 태조 때 돌에 새긴 《천상열차분야지도》를 기준으로 삼지 못하고 훨씬 후대인 1861년에 출간된 '별의 거울'이란 뜻의 《성경》이란 책을 기준으로 삼았다. 《성경》은 명나라와 청나라 시기에 중국에서 활약하던 유럽 선교사들의 영향을 받은 책이다. 그래서 고대 별자리의 전통을 잇고 있는 《천상열차분야지도》와 다른 부분이 있다.

셋째, 어린이들도 읽을 수 있는 '우리 별자리' 책을 썼으면 좋았을 것이다.

이러한 아쉬웠던 점을 보완하여 이십 년 만에 다시 이 책을 쓰게 되었다. 이 책은 '진짜' 우리 별자리를 다루었다. 또한, 이 책은 초등학교 고학년 학생도 읽을 수 있게 쓰고자 했다. 또한, 실제로 밤하늘에서 별자리를 찾아볼 수 있게 스마트폰으로 별자리 사진을 찍는 방법도 소개하였다.

마지막으로 이 책을 읽을 때 조심해야 할 것이 있다. 이 책에는 최치원, 강감찬, 이순신 등과 같은 역사 속의 위인과 관련된 설화와, 당금애기나 바리공주와 같은 우리 신화가 소개되어 있다. 이러한 이야기들은 사실이 아니고 말하자면 판타지와 같은 이야기다. 그래서 역사적 사실과 다른 내용도 들어 있으므로 학생들은 조심해서 읽었으면 좋겠다. 그러나 설화나 신화는 수많은 세대를 거치는 동안 걸러지고 또 걸러진 진심이 담겨 있다.

무엇보다도 독자들은 글로만 읽지 말고 바깥으로 나가서 실제 밤하늘에서 별자리를 꼭 찾아보기를 바란다.

2021년 8월 대전 꽃바위에서 안 상 현

✴

차례

제1장 별과 별자리

제2장 봄철 별자리

제3장 여름철 별자리

별과 별자리

1.1 우주와 별의 탄생

2004년 12월 25일은 성탄절이자 보름이었다. 나는 하와이의 빅아일랜드에 있는 해발 4,200미터 높이의 마우나 케아라는 산의 꼭대기에 있었다. 그곳은 지구상에서 우주와 가장 가까운 곳 가운데 하나다. 너무 높아서 구름도 발아래로 흐르고 하늘은 푸르다 못해 거무스름할 정도다. 그래서 그 정상에는 어마어마하게 큰 천체망원경들이 모여 있다. 그때 나는 구경이 4미터인 비교적 작은 망원경으로 IC5117이라는 행성상성운을 관측하고 있었다. 관측하다가 잠시 밖으로 나왔는데, 세상에나 나는 그렇게나 많은 별을 전에는 본 적이 없었다.

그 별은 어디서 갑자기 나타난 것이 아니다. 만약에 모든 전등을 끈다면 서울에서도 맨눈으로 은하수를 볼 수 있을 것이다. 나는 중학생

때 그것을 경험해서 알고 있다. 그때는 등화관제 훈련을 했는데, 저녁 9시에 전국의 모든 집이 불을 꺼야 했다. 9시가 되자 사이렌이 울리고 전등이며 가로등까지 모두 꺼졌다. 그때 아파트 사이로 빼곡하게 모습을 드러낸 별들이 기억난다.

고등학생 때는 여름에 전라도 땅끝이란 곳으로 가족 여행을 갔다. 바닷가 모래밭에서 야영하다가 한밤중에 잠에서 깨서 텐트 밖으로 나왔다가 무심코 하늘을 보았다. 처음에는 구름이 낀 줄 알았는데, 텐트 안에서 안경을 가지고 나와 다시 보니까 그것은 구름이 아니라 노르스름한 은하수가 머리 위를 가로질러 남쪽 바다 밑으로 장엄하게 흘러 들어가고 있는 모습이었다. 나도 모르게 탄성이 터져 나왔다. 모래밭에 드러누워 별을 보았다. 별이 쏟아져 내릴까 걱정했다는 옛 중국인의 이야기는 과장이 아니었다. 별의 바다에 빠져 마치 멀미가 날 것만 같았다.

2012년 10월 12일에 나는 영국 케임브리지 대학 천문대에서 개최하는 천문대 공개행사에 참석하였다. 그 천문대는 연구용으로는 쓰지 않고 있었고, 정기적으로 시민들에게 별을 보여 주는 행사에 활용되고 있었다. 천문대에는 큰 관측 돔과 작은 돔이 있었다. 큰 돔 안에 있는 망원경으로는 M13이란 이름의 헤라클레스자리에 있는 구상성단을 보여 주고 있었는데, 구상성단에 들어 있는 거성들이 금모래를 뿌려 놓은 것같이 반짝거렸다.

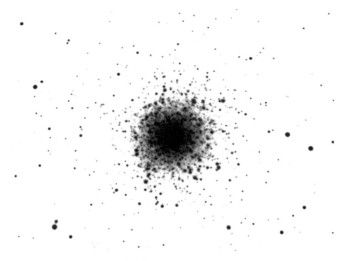

구상성단 M13 또는 NGC 6205

헤라클레스자리에 있는 북반구의 가장 밝은 구상성단. 1714년 에드먼드 핼리가 발견하였고, 1764년 샤를 메시에가 목록에 포함시켰다. 거리 약 25만 광년, 지름 약 150광년, 별 개수는 약 60만 개이다.

2015년 10월 15일에는 강원도 화천의 조경철 천문대를 방문했다. 해발 1,000미터 고지에 있을 뿐만이 아니라, 휴전선 근처에 있고 사람이 많이 사는 고장이 아니라서 인공의 불빛이 별로 없다. 덕분에 남한에서 밤하늘이 가장 어두운 곳이 되었다. 원래 천문학자들은 천체를 맨눈으로 관측하지 않는다. 그러나 이 천문대에 있는 구경 1미터 반사망원경과 구경 180밀리미터 굴절망원경를 가지고 맨눈으로 관찰한 천체는 감동 그 자체였다. M31 안드로메다은하, M33 삼각형자리은하, 오리온 대성운, 플레이아데스성단, 거문고자리의 반지성운, 에스키모

성운, NGC 891, 구상성단 M15, M13, 천왕성, 해왕성, 금성, 화성, 목성, 말머리성운, 페르세우스자리 이중성단, M81과 M82 은하, M1 게성운 초신성 폭발 잔해, 구상성단 M5, M29 산개성단⋯⋯.

이렇게 장엄한 우주의 모습을 목격한 사람이라면 아마 누구나 '저 별은 어떻게 생겨났을까?'라는 호기심이 생길 것이다.

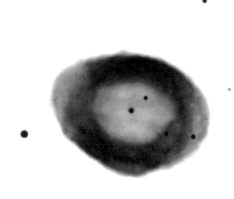

반지 성운 M57 또는 NGC 6720

거문고자리에 있는 행성상성운. 가장자리의 둥근 부분은 늙은 별에서 불려 나온 기체이고, 그 중앙에 있는 별은 백색왜성이다. 그 모양과 빛깔이 행성을 닮아서 행성상성운이라고 부른다.

☌ 대별왕과 소별왕

우주가 처음 생겨났을 때는 아주 어지러웠단다. 하늘과 땅이 금이 없이 서로 맞붙고 어둠에 휩싸여 한 덩어리로 돼 있었대. 그러다가 처음에 하늘과 땅이 열리고, 그 사이에 금이 생겨났어. 이 금이 점점 벌어지더니, 땅덩어리가 솟아올라 산이 되고, 거기서 물이 흘러내려서 강과 바다가 되었어. 그래서 하늘과 땅의 경계가 잡혔지.

그때 하늘에서 푸른 이슬이 내리고 땅에서 검은 이슬이 솟아 서로 합치더니 만물이 생겨나기 시작했어. 먼저 별이 생겨났어. 동쪽에는 견우별, 서쪽에는 직녀별, 남쪽에는 노인성, 북쪽에는 북두칠성 말이야. 그리고 가운데 하늘엔 삼태성이 자리를 잡았단다.

그렇지만 아직도 어둠은 가시지 않았고, 사방에선 오색구름이 오락가락했지. 그때였어. 닭이 울더니 동쪽에서 먼동이 터 오기 시작했어. 이때 하늘의 옥황상제 천지왕이 해도 둘, 달도 둘을 내보냈지. 천지가 활짝 열린 거야. 하지만 천지의 혼돈이 아직 완전히 바로 잡힌 것은 아냐. 하늘에는 해도 둘, 달도 둘이 떠 있어서 날짜도 헷갈리고 정신이 없었어. 하늘에 해가 둘이나 함께 나온다면 너무 뜨거워서 어디 사람이 살겠어? 또 달 두 개가 한꺼번에 나온다면, 밤에도 너무나 밝아서 새들도 짐승들도 잠을 잘 수가 없겠지?

옥황상제 천지왕은 땅 위의 생명이 너무나 불쌍해서 이 궁리 저 궁리를 해 보았지만 뾰족한 수가 없어. 그러던 어느 날 천지왕은 길한 꿈을 꾸었어. 하늘에 떠 있는 해 둘, 달 둘 중에 해와 달을 하나씩 삼켜 먹는 꿈이었단다. 해몽을 해 보니깐 이 꿈은 혼란스러운 세상의 질서를 바로잡을 귀동자를 얻을 꿈이 틀림없지 뭐야? 이렇게 생각한 천지왕은 마침내 땅으로 내려와 총명하기로 이름난 총명 부인과 하늘이 정한 백년가약을 맺었어. 그러나 하늘의 법 때문에 천지왕은 하늘로 다시 올라가야 했어.

"아들 쌍둥이를 낳을 것이니, 큰아들일랑 대별왕이라고 이름을 짓고, 작은아들일랑은 소별왕이라고 이름을 지으시오."

또 천지왕은 박씨 두 개를 내주며,

"애들이 아버지를 찾거든 정월 첫 돋날[1]에 박씨를 심으면 알 도리가 있을 것이오."

라고 말하곤, 하늘에서 내려온 흰 사슴 두 마리를 양 겨드랑이에 끼고 하늘로 훌쩍 올라가 버렸단다.

아니나 다를까, 총명 부인은 아들 쌍둥이를 낳았고, 대별왕과 소별왕이라고 이름을 지어 주었지. 형제는 무럭무럭 자랐어. 그러나 아버지가 없는 것이 한이 되었어. 하루는 궁금증을 이기지 못한 소별왕이 어머니더러 아버지가 누군지 어디 계신지 물었지.

"이제 너희에게 아버지를 만나게 해 줄 수 있는 때가 된 듯하구나."

이렇게 말하며 총명 부인은 사정을 털어놓았단다. 그리고 아버지가

---

1) 돋날: 돋은 돼지의 다른 말이다. 날짜의 간지에 돼지 해(亥)가 들어 있는 날을 돋날이라고 한다.

주고 간 박씨를 내주었지. 형제는 정월 첫 돌날에 박씨를 정성껏 심었어. 박씨가 움이 트더니 덩굴이 하늘로 죽죽 올라가지 뭐야.

형제는 박 줄기를 타고 하늘로 올라갔어. 한참을 올라가자 어떤 곳이 나오는데, 아름다운 꽃들이 여기저기 활짝 피어 있고, 용과 봉황과 난새와 학이 하늘에 가득 흐르는 오색구름 속을 누비고 있었지. 대별왕과 소별왕은 영롱한 빛에 휩싸인 궁궐로 가서 아버지인 옥황상제 천지왕을 만났지. 귀여운 형제를 맞은 천지왕은 얼굴에 웃음꽃이 피었겠지?

"우리 늠름한 두 아들이 왔으니 이제야말로 세상의 혼돈을 바로잡을 때로다. 이제부터 대별왕은 이승을 다스리고, 소별왕은 저승을 다스리도록 해라."

이승은 사람들이 사는 세상이고 저승은 죽은 사람들이 사는 세상이야. 소별왕이 보니 아무래도 죽은 사람들이 사는 저승은 별로 재미가 없어 보였어. 게다가 조금 무섭기도 했지. 소별왕은 대별왕 형님에게 이런 마음을 털어놓았지.

"그렇다면, 네가 이승을 맡도록 하려무나."

대별왕은 옥황상제 천지왕에게 아뢰어 동생에게 이승을 양보했어. 소별왕이 이승에 내려가 보니, 과연 질서가 말이 아니었어. 하늘에는 해도 둘, 달도 둘이 떠서, 만백성들이 낮에는 더워 죽고 밤에는 추워 죽어 가고 있었지. 게다가 새와 짐승도 말을 하고 풀과 나무마저도 말을 하고 있지 뭐야. 죽은 귀신과 산 사람도 분별이 없어서 서로 같이 살아가고 있더래. 남자와 여자의 분별도 없었고, 서로 믿지 못하고 욕심만 차려서 다투는 사람이 많더래. 그야말로 지옥이 따로 없었지.

이 혼란을 어떻게 하면 바로 잡을 수 있나? 소별왕은 아무리 생각해 봐도 끝내 해답을 찾지 못했어. '형님에게 도와 달라고 해야지.' 마음씨 고운 형은 아우의 부탁을 들어주기로 했어. 대별왕과 소별왕은 함께 이승으로 와서, 먼저 천근 활과 천근 화살을 준비했어.

"이걸로 하늘에 두 개씩이나 떠 있는 해와 달을 하나씩 쏘아 떨어뜨리는 거야."

쌍둥이 형제는 먼저 앞에 오는 해는 남겨 두고 뒤에 오는 해를 쏘아 동해 바다에 던져두었지. 다음으로 형제는 앞에 오는 달은 남겨 두고, 뒤에 오는 달을 천근 화살로 쏘아서 서해 바다에 던져 버렸지. 이때 부서져 흩날린 해와 달의 부스러기들은 밤하늘의 잔별이 됐단다.

하늘에 해와 달이 하나씩만 뜨게 되니깐, 땅 위의 생명들은 이젠 살았다며 기뻐 만세를 불렀지. 하나씩만 남은 해와 달은 서로 질서 있게 움직였고, 낮과 밤이 번갈아들게 되어 새들도 짐승들도 제 갈 길을 잘 찾아다닐 수 있었어. 그리고 봄, 여름, 가을, 겨울이 순서대로 찾아와 사람들은 농사도 지을 수 있었단다.

다음으로 대별왕은 풀과 나무와 새와 짐승들에게 송진 가루 닷 말 닷 되를 뿌려 혀를 굳게 만들었어. 이제 사람만 말을 할 수 있게 됐지. 그다음에는 죽은 귀신과 산 사람의 분별을 지었단다. 저울을 갖고 하나하나 무게를 달아서 백 근이 차는 놈은 인간으로 보내고, 백 근이 못

되는 놈은 귀신으로 정했어.

이렇게 해서 우주의 질서는 바로잡혔지. 그런데 아직 처리할 일이 하나 남았어. 도둑질 같은 나쁜 짓들을 없애는 일이었단다. 하지만 형은 그것까지는 수고해 주지 않았어. 그래서 오늘까지도 이승에는 나쁜 일들이 많고, 저승은 맑고 공정하다고 해.

대별왕과 소별왕 이야기는 우리나라 제주도에 전해 오는 설화이다. 과학을 모르던 우리 옛사람들이 우주와 별이 생겨난 내력을 상상해 본 것이다. 해와 달이 여럿이었다는 이야기는 동아시아에 널리 퍼져 있는 이야기다. 별이 생겨났으니 이제 별자리를 정해야겠다.

1.2 별자리

별자리는 어떻게 생겨났을까? 유목민들이 드넓은 초원에서 길을 찾기 위해 만들었을까. 바닷사람들이 망망한 바다를 항해할 때 뱃길을 찾기 위해 지어냈을까. 아니면 농사를 잘 짓기 위해 계절의 변화를 알아내려고 별자리를 만들게 됐을까. 아마도 이 모든 것이 답이 될 수 있을 것이다. 무질서하고 복잡해 보이는 현상을 자기에게 익숙하고 단순한 형상으로 구체화하려는 것이 인간 지능이다. 그래서 사람들은, 밤하늘에 제멋대로 흩어져 있는 듯 보이는 별들을 몇 개씩 묶어서 자기들에게 익숙한 모양의 별자리로 기억하게 되었을 것이다. 더구나 거기에 이야기를 덧붙이면 더욱 기억하기 쉬워진다.

고대 그리스 사람들은 올림포스 신들의 이야기를 별자리에 덧붙였다. 헤라클레스와 네메아의 사자, 페르세우스와 안드로메다 공주, 오리온과 전갈 같은 이야기들이다. 고대 중국 사람들은 밤하늘에 왕국을 그렸다. 임금과 벼슬아치들과 제후와 백성들이 사는 모습을 하늘에 그렸고, 견우와 직녀 이야기나 예 장군과 항아 선녀 이야기도 곁들였다. 우리에게도 칠성님, 삼신할미, 세쌍둥이의 이야기가 있고 짚신할미와 짚신할애비도 있다.

밤하늘에서 누구나 찾을 수 있는 북두칠성은 우리 별자리지만, 세계의 다른 곳에서도 북두칠성 모양으로 별자리를 삼기도 하였다. 그러나 모양은 같더라도 상상한 것은 다르다. 우리는 북두칠성을 배의 방향타를 뜻하는 '키별'이라고 보며, 또한 칠성님이기도 하고, 삐뚤어진 집을 지은 목수를 잡겠다고 망치를 들고 뒤쫓는 아들과 그 아들을 말리기 위해 뒤쫓는 아버지이기도 하다. 베트남도 우리와 마찬가지로 배의 방향타로 본다.

우리도 오래전부터 받아들여서 우리 것처럼 여기고 있듯이 북두칠성은 중국 별자리에서는 국자 모양으로 본다. 미국과 캐나다에서도 국자로 보며, 영국과 아일랜드에서는 쟁기라고 보고, 독일과 루마니아에서는 마차로 본다. 말레이시아는 배라고 보고, 미얀마에서는 새우로 본다. 우리나라에서 위로 한참 올라가면 동부 시베리아가 나온다. 거기에는 축치족이 사는데, 그들은 북두칠성을 여우를 쫓는 사냥개와 사냥꾼으로 본다.

서로 멀리 떨어져 있는 문명들끼리는 별자리가 서로 같을 이유가 없지만, 북두칠성, 오차성, 삼수 등과 같이 우연히 모양이 비슷한 경우는 있다. 밝은 별을 위주로 별자리를 정하기 때문이다. 그러나 별자리 모양은 비슷하더라도 모두 자기에게 익숙한 것을 마음속에 그리기 때문에 그 별자리에 닮긴 의미와 이야기는 다르기 마련이다.

가령, 북아메리카 원주민들과 그리스 사람들은 모두 북두칠성을 곰으로 보았지만, 같은 곰이라고는 해도 북아메리카 원주민과 그리스인들이 만났던 곰은 종류가 서로 다르다. 북아메리카의 곰은 꼬리가 짧은 곰이지만, 그리스 사람들이 보았던 곰은 꼬리가 길다. 그러므로 그리스 사람들은 북두칠성 국자의 손잡이 부분을 곰의 꼬리라고 보는 데

비해, 북아메리카 원주민은 북두칠성의 국자가 곰이고 국자 부분은 곰을 뒤쫓는 사냥꾼으로 보는 것이다.

또 다른 예가 겨울 밤하늘에서 누구나 찾을 수 있을 만큼 뚜렷한 별자리가 오리온자리이다. 이 별자리는 겨울 밤하늘에 마치 나비넥타이처럼 보이는데, 그리스에서는 오리온 사냥꾼으로 본다. 중국에서는 이것을 삼수(參宿)라는 서방 백호 일곱 수의 마지막이며 백호의 몸통을 이룬다고 보았다. 중앙의 세 별 때문에 석 삼자를 써서 삼수하고 하며, 사방의 네 별은 모두 장군을 나타낸다. 중앙의 세 별은 밝기도 엇비슷한 별들이 한 줄로 늘어서 있다. 그래서 우리나라에서는 이 세 별을 '세쌍둥이별'이라고 한다. 당금애기가 낳은 세쌍둥이가 하늘로 올라가 별이 되었다는 이야기도 전해 온다. 또한, 일본에서는 이 나비넥타이 모양으로 보이는 별들이 장구를 닮았다고 해서 장구별이라고 부른다. 이처럼 별자리 모양은 비슷하더라도 그것이 뜻하는 바가 다른 경우가 일반적이다.

서양에서는 해가 지나다니는 길목에 별자리 열두 개를 정했다. 이것을 '황도십이궁'이라고 한다. 이것을 포함하여 서양 별자리는 모두 88개가 있다. 중국에서는 달이 지나다니는 길목에 별자리 스물여덟 개를 정해 두었다. 이것을 '이십팔수'라고 한다. 이것을 포함하여 중국 별자리는 약 300개 정도가 있다.

동양의 별자리는 별을 선으로 연결하여 묶어 놓은 것을 말한다. 이런 것을 영어로 아스테리즘(asterim)이라고 한다. 서양 별자리는 컨스텔레이션(constellation)이라고 부르는데 이것을 별자리라고 번역하였다. 사자자리, 전갈자리, 페르세우스자리와 같이 서양의 컨스텔레이션은 모두 'ㅇㅇ자리'라고 번역했던 것이다. 그 까닭은 서양의 컨스텔레이션은 별 묶음 자체가 아니라 그것이 놓여 있는 '자리'를 뜻하기 때문이다. 그래서 엄밀하게 말하면 아스테리즘인 북두칠성을 '별자리'라고 분류하면 안 된다. 그러나 우리는 통상적으로 아스테리즘과 컨스텔레이션을 구분하지 않고 모두 별자리라고 부른다.

이 책에서 중국 별자리는 천랑성, 관삭성, 천관성 등과 'ㅇㅇ성'과 같이 부르기로 한다. 다만, 이십팔수는 각각 각성, 항성, 저성 등과 같이 부르기도 하지만, 이 책에서는 각수, 항수, 저수 등과 같이 'ㅇ수'라는 방식으로도 부르기로 하자.

1.3 중국 별자리의 도입

우리 겨레는 고대 중국의 별자리를 받아들여서 거의 이천 년 동안 사용해 왔다. 고구려 고분 벽화에 그 흔적이 남아 있고, 《삼국사기》에도 오래전부터 중국 별자리를 사용한 기록이 있다.

신라의 선덕여왕 때에는 첨성대를 만들었다. 또한 그 무렵 당나라에 사신으로 갔던 김춘추는 《진서》를 받아 왔다. 《진서》의 〈천문지〉라는 부분에는 중국 별자리에 대한 정보가 풍부하게 들어 있다. 또한, 신라의 문무왕 때에는 설수진이란 학자가 《천지서상지》란 책을 지었다. 이 책은, 하늘과 땅과 인간 세상에 나타나는 여러 가지 현상에 관한 내용을 중국 문헌에서 뽑아서 정리해 놓은 것이다. 이 무렵부터 본격적으로 중국 천문학과 별자리가 신라로 들어온 것으로 생각된다. 그 뒤로 신라의 효소왕 때에는 도증이라는 스님이 당나라에서 천문도를 가져오기도 하였다.

고려시대에는 밤하늘을 관측한 기록이 《고려사》라는 역사책에 많이 남아 있다. 고려의 충렬왕 때, 오윤부라는 천문학자가 있었는데, 그가 만든 천문도는 너무나 훌륭한 나머지 다른 사람들도 애용했다고 한다.

그 후 약 백여 년이 지난 조선 태조 때는 고려시대에 사용되던 천문도를 바탕으로 《천상열차분야지도》라는 천문도를 돌에 새겼다. 이 천문도는 지금도 서울의 고궁박물관에 가면 실물을 볼 수 있다. 세종대왕은 천문학과 음악을 크게 발전시켰다. 그때의 천문학자 이순지는

《천문류초》를 지었는데, 우리 별자리의 클래식에 해당하는 책이다. 이 책에는 별자리를 노래한 한시인 《보천가》, 별자리를 보여 주는 성도, 그리고 여러 별자리의 의미와 점괘 등이 들어 있다. 《보천가》와 점괘는, 물론 훨씬 전부터 전해 내려오던 내용이지만, 송나라와 원나라 때 지은 책을 원자료로 하여 그 내용을 간추렸고, 성도는 《천상열차분야지도》와 거의 같다.

관상감은 조선시대에 천문과 역법 등을 맡았던 관청이다. 관상감에서 천문학자로 일하려면 음양과라는 과거 시험에 합격해야 했다. 이 시험에 합격하려면 《보천가》는 물론이고 《천문류초》와 《천상열차분야지도》를 열심히 공부해서 별자리를 잘 익혀 둬야 했다. 또한, 천문학자가 아니더라도 선비들은 기본적으로 삼원이십팔수를 공부하였다. 그래서 선비들도 《천문류초》를 읽었고 《천상열차분야지도》를 베껴서 곁에 두고 보기도 하였다.

1.4 삼원과 이십팔수

삼원 | 중국의 별자리는 삼원을 이십팔수가 둘러싼 모습이다. 삼원은 자미원, 태미원, 천시원을 말한다. 자미원은 하늘의 임금이 사는 궁궐의 담을 뜻한다. 태미원은 하늘나라의 국무총리와 장관들이 모여서 정치를 의논하는 곳이다. 천시원은 백성들이 사는 하늘의 시장이다.

이십팔수 | 이십팔수는 지방을 다스리는 제후들이다. 요즘으로 말하자면 도지사에 해당할 것이다. 달은 약 28일을 주기로 날마다 모양이 달라지면서 별자리 사이를 운행한다. 그 길목에 스물여덟 개의 별자리를 정해 둔 것이 바로 이십팔수다. 이렇게 하면 해나 달이나 행성의 위치를 이십팔수를 기준으로 표현할 수 있으므로 편리하다.

이십팔수는 일곱 개씩 네 개로 나누어 각각 동방칠수, 서방칠수, 남방칠수, 북방칠수라고 한다. 게다가 동방칠수는 청룡을 이루고, 서방칠수는 백호를 이루고, 남방칠수는 주작을 이루고, 북방칠수는 현무를 이룬다. 청룡, 백호, 주작, 현무는 방위를 지키는 수호신이며, '사령' 또는 '사신'이라고 부른다. 이 신령한 동물들은 이십팔수에서 온 것으로 볼 수 있다.

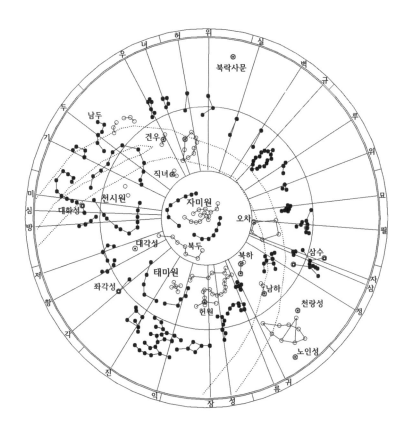

《천상열차분야지도》의 성도에서 삼원과 이십팔수

가운데 부분에 별로 울타리를 두른 것이 세 군데 있다. 가운데 울타리를 '자미원', 아래쪽에 있
는 것을 '태미원', 왼쪽에 있는 것을 '천시원'이라고 하고, 이것을 통틀어 삼원이라고 일컫는다.
그 둘레에 스물여덟 개의 '수'가 둘러싸고 있다. 이것을 이십팔수라고 한다. 중심으로부터 뻗어
나온 직선이 각 수의 기준별을 지나도록 그렸다. 밤하늘에서 가장 밝은 1등성도 그렸다. 별과
별자리 각각의 이름은 이 책을 읽으면서 찾아서 적어 보면 별자리를 익히는 데 좋을 것이다.

누구나 잘 아는 〈개나리〉 노래에 맞춰서 이십팔수를 노래로 부르면 쉽게 외울 수 있다.

나리나리개나리 입에따다물고요 병아리떼종종종 봄나들이갑니다
각항저방심미기 두우녀허위실벽 규루위묘필자삼 정귀류성장익진

옛사람들은 밤길을 갈 때 귀신이 나올까 무서워했는데, 이럴 때 귀신을 쫓으려고 이십팔수를 거꾸로 외우곤 했다는 이야기가 있다. 밤길이 무서우면 한번 외어 보면 어떨까?

진익장성류귀정 삼자필묘위루규 벽실위허녀우두 기미심방저항각

1.5 여러 가지 천체

해와 달 | 고구려 고분 벽화를 보면 동쪽 벽에는 해를 그리고 서쪽 벽에는 달을 그린 것이 많다. 해 속에는 발이 세 개 달린 까마귀인 삼족오를 그렸고, 달 속에는 두꺼비인 섬여를 그렸다. 이 그림은 옛날 중국에 전해 오던 '하늘에 뜬 열 개의 해를 예 장군이 활로 쏜 이야기'를 그린 것이다. 예 장군의 아내인 항아 선녀가 불사약을 마시고 달로 올라갔지만, 약의 부작용으로 인해 두꺼비가 되었다는 이야기이다. 그렇지만, 해가 여러 개 떴었다는 이야기는 중국뿐만이 아니라 한국, 일본, 시베리아에도 전해 온다. 중국은 2007년에 달에 '창어 1호'라는 우주탐사선을 보냈는데, 창어는 항아(嫦娥)의 중국어 발음이다. 2019년 1월에 '항아 4호'는 달의 뒷면에 착륙하여 '옥토끼'라는 착륙선을 내보내서 달표면을 탐사하였다.

한편, 낮에 달이 해를 가리면 일식이 일어나고, 밤에 달이 지구의 그림자 속으로 들어가면 월식이 일어난다. 옛사람들은 까막 나라의 불개가 빛을 찾으려고 해와 달을 삼켰다 뱉었다 한다고 생각했다.

✂ 까막 나라의 불개와 일월식

옛날에 까막 나라가 있었어. 까막 나라에는 빛이 전혀 없어서 백성들이 답답해했지. 그러자 까막 나라 임금이 환한 나라에 불개를 보내서 빛의 근원인 해를 물어 오게 했단다.

불개는 환한 나라에 가서 해를 한입에 덥석 물었는데, 해가 너무 뜨거워서 그만 도로 뱉어 버리고 말았어. 까막 나라 임금은 불개를 다시 보내서 이번에는 달을 물어 오도록 했지. 불개는 다시 환한 나라에 가서 달을 덥석 물었지만, 이번에는 너무 차가워서 도로 뱉어 버렸어.

까막 나라 임금은 해와 달을 포기하지 못하고 가끔 불개를 시켜 해와 달을 물어 오게 하지만 번번이 실패한단다. 그래서 환한 나라에서는 가끔 불개가 해를 물었다 뱉으면 일식이 일어나고 달을 물었다 뱉으면 월식이 일어난다고 해.

항성과 행성 | 옛날에는 밤하늘에 반짝거리는 불빛은 모두 별이라고 불렀다. 대부분은 제자리를 지키지만 몇몇 밝은 별들은 다른 별들 사이를 떠돌아다닌다. 제자리를 지키는 것은 항성이고, 별들 사이를 떠도는 것은 행성이다. 또한, 빗자루별이라 부르던 혜성, 며칠 머물다 사라지는 손님별(객성), 순식간에 나타났다 사라지는 별똥별(유성)도 모두 별이라고 불렀다. 그러나, 현대 천문학에서는 스스로 빛을 내는 항성들만 별이라고 부른다.

위성 | 밤하늘에는 달도 있다. 달은 지구 둘레를 공전하고 있다. 지구의 달처럼 어떤 행성의 둘레를 공전하는 작은 천체를 위성이라고 한다. 사람이 만든 위성은 인공위성이다.

다른 행성들도 위성을 거느리고 있다. 화성은 위성이 둘, 목성이나 토성이나 천왕성 같은 커다란 행성들은 위성을 수십 개씩 거느리고 있다. 크기가 겨우 집채만 한 것도 포함하면 말이다. 이처럼 다른 행성 둘레를 도는 아주 작은 위성들은 웬만해서는 지구에서는 보이지 않으며, 우주 탐사선이 거기까지 날아가서 찾아낸 것들이다.

오행성 | 우리 태양계에는 행성이 여덟 개가 있다. 바로 수성, 금성, 지구, 화성, 목성, 토성, 천왕성, 해왕성 등이다. 이 중에서 맨눈으로 볼 수 있는 수성, 금성, 화성, 목성, 토성 등 다섯 행성을 '오행성'이라고 한다. 오행성은 다른 별보다 눈에 띄게 밝으며 날마다 조금씩 별자리 사이를 이동한다. 특히, 금성은 굉장히 밝다. 해뜨기 전 새벽에 동쪽 하늘에 나타나는 금성은 샛별이라고 부른다. 동쪽을 뜻하는 우리말이 '새'이기 때문이다. 해진 뒤 저녁에 서쪽 하늘에 나타나는 금성은 개밥바라기라고 부른다. 개가 밥을 기다릴 무렵에 하늘에 나타나기 때문에 그런 이름이 붙었다.

칠요(칠정)와 구요 | 해와 달과 오행성을 합친 "일월화수목금토" 일곱 천체를 칠요 또는 칠정이라고 한다. 바로 달력의 요일이다. 인도 천문에서는 해는 수리야, 달은 찬드라, 화성은 만가라, 수성은 부타, 목성은 브리하스파티, 금성은 슈크라, 토성은 샤니라고 하며, 여기에 황도와 백도의 승교점인 라후와 강교점인 케투를 합쳐서 구요(나바그라

하)라고 한다.

혜성과 별똥 | 밤하늘에 이따금 혜성이 나타난다. 신라의 향가인 혜성가에는 혜성을 순우리말로 '빗별'이라 하였는데, 빗자루 같이 생겨서 그런 이름이 붙었다. 옛사람들은 빗별이 헌것을 쓸어 내고 새것을 불러온다고 생각했다. 혜성은 기다란 꼬리가 인상적인 천체다. 혜성의 본체인 핵은 지름이 약 1~10킬로미터인데, 대부분이 물의 고체 상태인 얼음과 이산화탄소의 고체 상태인 드라이아이스로 되어 있고 거기에 약간의 티끌, 모래, 자갈 등이 섞여 있는 것이다. 그것이 태양 근처와 태양계 바깥을 왕래하는 궤도를 돌고 있다가, 태양으로 다가올 때, 목성과 화성 궤도 부근에 오게 되면 얼음과 드라이아이스가 기화하면서 십만 킬로미터 정도의 코마를 형성한다. 코마를 이루던 기체 플라스마가 태양풍에 의해 불려 나가면서 꼬리를 형성하기 시작한다. 이것을 '이온 꼬리'라고 한다. 혜성에 들어 있던 먼지 티끌, 모래, 자갈 등은 태양풍의 영향을 덜 받으므로 혜성의 궤도를 따라 '먼지 꼬리'를 이룬다. 혜성의 이온 꼬리는 보통 수천만 킬로미터 정도이고, 먼지 꼬리는 보통 1백만 킬로미터 정도이고, 드물지만 최대 1억 킬로미터에 이르기도 한다. 지구와 달의 거리가 약 40만 킬로미터이고, 지구와 태양 사이의 거리가 1억 5천만 킬로미터이므로, 혜성 꼬리의 길이를 짐작할 수 있을 것이다.

혜성의 먼지 꼬리에 들어 있던 티끌이나 모래 등은 혜성에서 방출된

후 우주 공간을 돌아다니다가 우연히 지구 대기로 돌입하게 되는데, 이때 갑자기 밝게 빛나게 된다. 이것을 우리는 별똥별이라고 부른다. 옛사람들은 하늘에서 떨어지는 별똥을 유성이라 하고, 드물지만 거꾸로 땅에서 하늘로 솟구치는 별똥을 비성이라 하였다. (비성은 우리말로 솟을별똥이라 부르면 좋을 것이다.) 또한, 드물지만 낮에 떨어지는 별똥도 관측된다. 이것을 영두성이라고 불렀다.

> 해가 지고 어둑어둑해질 때, 크기가 동이만 하고, 꼬리가 베 한
> 필 길이만 하고, 빛깔은 번개와 같은 '유성'이 하늘 한가운데에
> 서 생겨서 북극으로 들어가서 흩어지고, 조금 후에 소리가 천둥
> 과 같더니, 그 기운이 흰 구름의 흩어짐과 같다가 오랜 뒤에야
> 사라졌다.
>
> — 세종실록 18년 음력 7월 30일자 기사

이것은 《조선왕조실록》에 기록되어 있는 전형적인 유성 관측 기록이다. 하늘에서 지평선으로 떨어졌으므로 유성이지만, 밝기와 나타난 높이 등을 볼 때 이것은 현대 천문학에서는 '화구'라고 부르는 것으로 판단된다. 여기서 유성이 지나간 자국이 생겼다가 서서히 흩어졌다고 하는데, 이것은 유성흔이라고 하는 것이다. 이러한 기록이 《고려사》와 《고려사절요》에 700여 건, 《조선왕조실록》과 《승정원일기》에 약 3,500건씩이 남아 있다. 《승정원일기》는 인조 이후의 기록만 남아 있

음에도 불구하고 별똥 기록의 개수는 500년 전체 기간을 다룬《조선왕조실록》의 별똥 개수와 비슷하다.

별똥별에 얽힌 이야기도 많다. 신라의 자장율사는 어머니가 별똥별을 품에 안는 꿈을 꾸고 사월 초파일에 낳았다고 한다. 김유신도 평생 별과 인연이 깊다. 그의 부친이 화성과 토성이 품에 안기는 태몽을 꾸었고, 칠요의 정기를 받고 태어나 등에 칠성 무늬가 있었다. 김유신이 젊었을 때, 신라는 진평왕이 나라를 다스리고 있었는데, 고구려와 백제의 협공을 받아 나라가 매우 위태로웠다. 적병이 점차 다가오자 김유신은 혼자 인박산에 들어가 보검을 들고 하늘에 기도하였더니, 하늘에서 빛이 내려와 보검에 영험한 기운을 주더니, 사흘째 되는 밤에 허성과 각성의 빛이 환하게 내려와 그 검에 닿자 검이 응하여 우는 듯하였다. 진덕여왕이 왕위를 잇자 여왕을 깔보고 비담이 반란을 일으켰다. 큰 별똥별 하나가 김유신의 진영 쪽으로 떨어져서 군대의 사기가 크게 떨어졌다. 김유신은 연 꼬리에 불덩이를 매달아 하늘로 띄우게 하고, '어제 떨어진 별똥별이 오늘 도로 하늘로 올라갔다.'라고 소문을 내어 병사들을 안심시키는 한편 하늘에 제사를 지내 병사들을 독려함으로써 반란군을 물리칠 수 있었다고 한다.

천구성(天狗星)과 운석 | 천구성을 글자 그대로 해석하면 '하늘개의 별'이다. 《고려사》나 《조선왕조실록》 등에 나오는 천구성 기록을 보면 천구성은 별똥별이다. 사실 《고려사》나 《조선왕조실록》에 나오

는 별똥별 기록은 대개 오늘날의 '화구(fireball)'에 해당하는 것이다. 현대 천문학에서는 금성보다 밝은 별똥을 '화구'라고 정의하며, 그중에서도 마지막에 폭발 같은 것이 일어나거나 몇 개의 조각으로 분리되는 것은 '볼라이드(bolide)'라고 한다. 옛사람들은 왜 화구를 천구성이라고 불렀을까?

화구는 마치 불꽃을 튀기는 듯이 화려하게 떨어져서 지평선 근처까지 이르며, 그 빛이 너무 밝아서 땅을 비추었다거나 심지어 소리가 나기도 한다. 그러나 가장 밝은 화구라고 해도 그 빛은 지상 15킬로미터 상공에서 발생한다.

대기와의 마찰을 견디고 파편으로 쪼개지면서도 살아남은 물체가 땅 위에 떨어진 것을 운석이라고 한다. 화구가 나타났다는 것은 그 화구가 날아간 곳에 운석이 떨어졌을 가능성이 크다는 뜻이다. 현대 천문학자들은 별똥 및 화구를 계속 감시하여 그 궤도를 계산한 다음, 운석이 떨어졌을 곳을 예측하고 그 일대를 수색하여 운석을 찾아내기도 한다.

> 함길도 용진현에 '불덩이'가 땅에 떨어져 둘레 31.5척가량의 구덩이가 땅에 생겼다.
>
> - 문종실록 문종 2년 1452년 음력 2월 26일자 기사

이것은 문종 2년, 즉 1452년에 오늘날의 원산 인근에 운석이 떨어져

작은 운석구덩이가 생겼다는 기록이다. 실록에는 운석이 되기 전에 하늘에서 떨어진 것이 '화괴(火塊)'라고 적혀 있다. 이것은 우리말 '불덩이'를 한자로 적은 것이다. 이러한 운석구덩이는, 다만 크기만 작을 뿐, 달 표면에 보이는 운석구덩이나 미국 아리조나에 있는 배린저 운석구덩이와 본질적으로 같은 것이다.

> 경상도 관찰사가 보고하였다. "지난 4월 1일에 벼락이 치고 큰 비가 내릴 적에 진주에 운석이 떨어져 한 자나 땅속으로 들어갔습니다. 강계손이란 병사가 땅을 파고 어떤 물건을 찾아냈는데, 그 물건의 빛깔은 뇌설(雷楔)과 같고 모양은 복령(茯苓)과 같았으며, 손톱으로 긁었더니 손톱에 따라 가루가 떨어졌습니다."
> - 조선왕조실록 성종 23년 1492년 음력 5월 16일자 기사

여기서 뇌설은 대나무 뿌리에서 자라나는 버섯인데 겉은 검고 속은 흰 것이며, 복령은 소나무 뿌리에서 자라나는 버섯인데 겉은 흑갈색이며 주름이 많은 둥근 공 모양이다. 이때 진주에 떨어진 운석은 그 모양과 빛깔, 그리고 손톱으로 긁었더니 가루가 떨어졌다는 관찰 결과로 보면, 이것은 운석 중에서도 가장 흔한 콘드라이트 운석으로 짐작된다. 콘드라이트 운석은 대개 화성과 목성 사이에 존재하는 소행성 띠에서 날아온 것이다.

정월 29일 오시(한낮)에 하늘에 얇은 구름이 끼어 햇빛이 보이지 않았는데, 갑자기 하늘에서 소리가 났다. 처음에는 대포 소리 같다가 나중에는 우렛소리 같았다. 서북방에서 시작하여 서남쪽으로 가더니, 얼마 뒤에 그쳤다. 경상도 영천군의 백성들이 그때 마침 영천군의 남쪽에 있는 자인현의 경계에서 돌덩어리 하나가 하늘에서 떨어지는 것을 보았는데, 소리가 우레와 같았고 땅에 떨어진 뒤에 소리가 그쳤으며, 떨어진 곳에는 땅이 한자 남짓 파였다. 그 돌의 크기는 말[斗]만 하였고 무게는 서른여섯 근이었으며, 색은 검푸르렀고 형체는 거북이가 엎드린 것 같았는데 그 위에 짐승의 발자국 같은 흔적이 있었다.

- 조선왕조실록 현종 13년 1672년 음력 2월 9일자 기사

이 기사는 조선 현종 13년 1672년에 경상도 영천에 운석이 떨어진 기록이다. 대포 소리나 우렛소리는 바로 운석이 초음속을 돌파할 때 나는 소닉붐(sonic boom) 현상이고, 한 자쯤 땅이 파였다는 말로 봐서 깊이 20~30센티미터가량의 운석구덩이가 생긴 것이다. 또한 운석의 표면이 검푸르고 거북이가 엎드린 것 같았다는 것은 운석의 표면이 높은 온도로 가열되었다가 갑자기 식으면서 생기는 균열을 나타낸 것이며, 표면에 나타난 짐승의 발자국 같은 흔적은 녹았던 표면이 대기와의 마찰을 겪으면서 떨어져 나가면서 자국을 남긴 것이다. 이것을 현대 천문학에서는 용융각(fusion crust)이라고 한다.

이러한 운석 낙하 기록을 우리 역사책에서 찾아보면, 삼국시대에는 화구가 떨어졌다는 기록만 있고 운석을 찾았다는 기록은 없고, 고려시대에는 운석을 찾았다는 기록이 여섯 건이 있고, 조선시대에는 열 건이 있다. 이와 같이, 하늘에서 별 또는 별똥이 떨어졌는데, 그 떨어진 자리에서 시꺼먼 물체가 발견되었다면, 사람들은 아마 그것이 하늘에서 일식과 월식을 일으킨다는 불개가 땅에 떨어진 것은 아닐까 짐작하고 그래서 화구를 천구성이라고 부른 것은 아닐까?

은하수 | 인간이 만든 인공의 불빛 때문에 요즘은 은하수를 보기 어렵다. 일부러 대도시를 피해 외딴곳을 찾아가야만 어두운 별을 볼 수 있으며, 대도시를 피해서도 은하수를 맨눈으로 보기란 여간 어려운 일이 아니다.

우리 별자리 이야기에 따르면, 은하수는 하늘나라의 강물인데 그 속에 용이 살고 있다고 한다. 순우리말로 용을 '미르(밀)'라고 하고, 강물을 '내'라고 한다. 그래서 '용의 강'이란 뜻으로 '미르의 내'라고 하고, 이것을 줄여서 '미리내'라고 한다.

✂ 한일(一)자 은하수의 정기

왕희지라 하면 중국 동진 때의 명필이야. 어느 날, 왕희지가 처갓집에 왔어. 마침 잘 되었다고 장인이 사위더러 붓글씨를 한 점만 써 달라고 졸랐지. 왕희지는 큼지막하게 한일(一)자 하나를 써주었어. '고작 한 일자 한 획을 찍 그어 주다니!' 장인은 실망했고 사위가 괘씸하기까지 했지. 그래서 그 글씨를 그냥 둘둘 말아서 벽장 안에 휙 던져두었단다.

왕희지가 딸과 함께 돌아가고 나서도 장인은 분이 가시지 않아 밤잠을 이루지 못했어. 그런데 한밤중에 설핏 잠이 들었다가 이상한 느낌이 들어 잠에서 깨고 말았지. '어라? 분명히 방 안인데 왜 한데서 자는 것 같지? 참 이상하네.' 그다음 날도 비슷한 일이 벌어지는 거야. 이번에는 지붕에 구멍이 난 초가집 안에서 자는 것 같지 뭐야? '아이 추워라.' 다락방 안에서 윙윙하고 황소바람이 부는 것 같기도 하고 말이야. '저 다락 안에 뭐가 있나?' 다락방 안에는 별것은 없는데, 전에 던져둔 사위의 글씨가 마음에 걸리는 거야.

며칠 잠을 설친 왕희지의 장인이 사위를 다시 불렀지. 왕희지에게 자초지종을 설명하자, 왕희지가 대답했어.

"제가 한일자를 쓸 때는 밤이었는데, 은하수가 너무나 아름다워서 그 정기를 모아 은하수 모양처럼 한 획을 주욱 그어 한일자를 썼습니다. 아마 그 정기가 밤마다 뿜어 나와서 추위를 느끼신 것 같습니다."

"예로부터 은하수는 쇠의 정기가 모인 것이라 하더니!"

그제야 장인은 자기가 경험한 일을 이해할 수 있었어.

"아마 무슨 쇳소리도 들으셨을 텐데요?"

"그래 그 황소바람 소리 같은 것이 쇳소리였군!"

장인은 사위가 글씨를 허투루 써 준 게 아님을 알고 오해를 풀었지.

은하수의 진정한 정체는 1609년 이탈리아의 갈릴레오 갈릴레이가 천체망원경으로 밝혀냈다. 은하수를 천체망원경으로 보니 거기엔 어두워서 맨눈으로 보이지 않던 별들이 수두룩하게 있었다. 우리 은하수는 잔별이 많이 모여서 뿌옇게 보이는 것이었다.

☌ 아홉 태양을 쏜 예 장군과 달 두꺼비가 된 항아 선녀

아주 오랜 옛날, 중국에는 요라는 임금이 있었어. 그런데 어느 날 하늘에 해가 한꺼번에 열 개나 떴다는군. 지금은 하늘에 해가 하나뿐이지만, 원래 해는 열 개가 있었다는군. 열 개의 해는 동쪽 바다 끝에 있는 탕곡이라는 곳에 살았지. 열 개의 해가 목욕을 하니까 탕곡의 바닷물은 늘 부글부글 끓고 있었어. 그 가운데에는 부상이라는 거대한 나무가 자라고 있었는데, 높이와 둘레가 모두 수천 길에 달하는 이 나무는 바로 해가 사는 집이었지. 아홉 개의 해는 윗가지에 살고 나머지 하나만 아랫가지에 사는데, 이들은 늘 정해진 순서에 따라 번갈아 하늘로 떠올라 세상을 밝히곤 했어.

그런데 차례를 기다리는데 싫증이 난 해들이 서로 상의 끝에 한꺼번에 하늘로 뛰쳐나왔던 거야. 그러자 땅 위 사람들은 뜨거워서 죽을 지경이 되었지. 목말라 죽고 굶어 죽고, 정말 사람 사는 게 아니야. 요임금은 옥황상제에게 살려 달라고 기도를 드렸지. 옥황상제도 크게 걱정이 되었어. 그 해는 모두 옥황상제의 아들이었기 때문이야. 그래서 하늘나라에서 활을 제일 잘 쏘는 예 장군을 땅 위로 보내기로 했어. 옥황상제는 예 장군을 불러 붉은 활과 날카로운 촉을 가진 화살 열 대를 주었단다.

그리하여 예 장군은 아내인 항아 선녀와 함께 땅으로 내려왔어. 못된 해들을 향해 예 장군은 화살을 쏘았지. 금빛 화살은 별똥별처럼 날아가 맏이 해의 가슴 한복판에 박혔어. 맏이 해가 금빛을 내뿜으며 펑터지고 말았지. 사람들이 보니 해에서 뭔가가 툭하고 땅 위로 떨어지는 거야. 사람들이 그곳으로 달려가 보았더니 '세 발 달린 까마귀' 한 마리가 떨어져 있더래.

예 장군은 곧이어 둘째, 셋째, 넷째, ……. 계속해서 화살을 날렸어. 하늘은 마치 불꽃놀이를 하듯 온갖 색으로 물들었고, 화살을 맞은 해들은 차례차례 까마귀가 되어 땅 위로 떨어졌지.

그때 옆에 있던 요임금은 하늘에 해가 하나는 꼭 있어야만 하겠다고 생각했어. 그래서 요임금은 몰래 예 장군의 화살통에서 화살을 하나를 빼내어 자기 소맷자락 속에 넣었단다. 이렇게 해서 아홉 개의 해가 떨어지고 하늘에는 해가 하나만 남게 되었지.

세상의 질서를 바로잡은 뒤에 예와 항아는 하늘로 다시 올라갔어. 그런데 예 장군이 쏜 해들은 전부 옥황상제의 아들이었거든. 타일러 보지도 않고 화살을 쏘아 죽였으니 큰 죄를 지어 버린 거야. 예와 항아는 사람이 되어 땅 위로 쫓겨나는 벌을 받았단다. 사람이 되었기 때문에 병에도 걸리고 먹고살기 위해 고된 일도 해야 했지.

예는 쓸쓸한 마음을 이기지 못하고 세상 유람을 떠났지. 세상 유람을 하던 예 장군은 사방의 땅끝을 밟아 보기로 했어. 그러다가 서쪽 땅끝 곤륜산에 서왕모라는 아름다운 선녀가 산다는 소리를 듣고 찾아갔어. 서왕모는 예를 딱하게 여기고 불사약을 주었어. 예와 항아가 나눠 먹을 만큼만 말이지.

예는 뛸 듯이 기뻐하며 집으로 돌아왔어. 예는 항아를 부르며 집으로 들어섰지만 마침 항아는 집에 없었어. 예는 기쁜 마음에 불사약을 탁자 위에 놓고 길일을 잡으러 점쟁이를 찾아갔지. 길일을 잡아서 약을 마셔야만 다시 신선이 될 수 있었으니까.

밖에서 돌아온 항아는 남편의 쪽지를 보고 단번에 불사약을 알아봤어. '이 약을 마시면 다시 신선이 되는 거야!' 항아는 뛸 듯이 기뻤어. 그러나 길일을 잡으러 갔다는 남편은 한참이 지나도 돌아오지 않아.

'이 불사약을 혼자서 모두 마시면 신선이 되는 것은 물론이고 다시 하늘나라로 돌아갈 수 있을 거야.'

마침내 항아는 예를 기다리지 못하고 두 사람 몫을 모두 마셔 버리고 말았어. 그러자 항아의 몸이 공중으로 붕 뜨더니 하늘로 올라가더니 달과 별 사이를 막 날아. 그러나 다시 생각해 보니 하늘나라에서는 자기를 받아 주지 않을 것 같았어. 옥황상제가 아직 그들을 용서해 준 게 아니었거든.

그때 둥근 달이 눈에 들어왔지. 항아 선녀는 잠시 달에 가 있기로 했어. 달에는 도끼로 찍어도 상처가 아무는 계수나무 한 그루랑 빨간 선약을 찧고 있는 토끼 한 마리가 있을 뿐이었어. 항아 선녀는 무척 후회했어. 그런데 갑자기 등뼈가 오그라들더니 온몸이 점점 흉한 두꺼비로 변해 가는 거야. 약을 너무 많이 먹은 탓이었지. 그리하여 항아는 두꺼비로 변해 달 속에 남아 있게 되었단다.

새벽에 동쪽 하늘에 보이는 금성을 샛별이라고 하고, 저녁에 서쪽 하늘에 보이는 금성을 개밥바라기라고 한다. 샛별이 청렴한 대감을 도와준 이야기가 있다. 정직하게 살라는 교훈이 담긴 이야기다.

✃ 정직한 대감을 도와준 샛별

옛날 어느 고을에 가난한 선비 부부가 자식도 없이 홀로 살았어. 선비는 서당 훈장을 하면서 근근이 살아가고 있었단다. 착한 선비는 동네 아이들을 가르치고도 형편이 어려운 아이들에겐 글삯을 받지 않았어. 하지만 흉년이 들자 마을 사람들의 인심이 사나워져서 선비 부부를 도와주러 나서는 마을 사람이 별로 없었나 봐.

어느 날 굶주림을 견디던 선비는 야윈 아내를 바라보다가 새벽에 바람이나 쐬자고 논길을 거닐게 됐지. 들판엔 누렇게 익은 벼가 고개를 숙이고 있었고, 하늘엔 샛별이 선비를 내려다보고 있었지. 선비는 문득 벼 이삭을 몇 개 훑어가서 밥을 지어 먹을까 하는 생각이 들었어. 그렇지만 그건 나쁜 짓이거든. 선비는 차마 그러지 못하고 집으로 돌아왔지.

그런데 선비의 뒤를 개 한 마리가 졸랑졸랑 따라오는 거야. 못 보던 개인 데다 불쌍해 보여서 집에서 기르게 되었지. 그런데 신기하게도 개는 날마다 어디선가 꿩이나 토끼 같은 산짐승들을 잡아서 물어 오네. 노부부는 개가 잡아 온 짐승들을 요리해 먹기도 하고 시장에 내다 팔아서 그나마 입에 풀칠을 할 수 있었지.

어느 해인가 마을에 가뭄이 들었어. 짐승을 시장에 내놔도 어디 사는 사람이 있어야지? 논이 바짝바짝 말랐기 때문에 마을 사람들의 걱정은 태산 같았지. 착한 선비는 마을 사람들이 걱정돼서 잠을 이루지 못했어.

그러던 어느 날, 개가 선비의 바짓가랑이를 물고 어디론가 가자고 하는 거야. 선비는 개를 쓰다듬어 주고는 개를 따라 길을 나섰지. 개는 어느 산자락으로 가더니 앞발로 땅을 열심히 파는 거야. 그런데 신기하게도 그 땅 밑은 물기가 있어. 선비는 이곳에 우물을 파라는 뜻임을 알아차렸지. 마을 사람들을 불러 그곳에 우물을 파니까 물이 철철 흘러나와. 그해 가뭄을 간신히 넘겼지. 가을에 곡식을 거두어들인 마을 사람들이 목숨을 구해 준 은인이라며 그 후로부터 선비 부부를 극진하게 모셨단다. 우물을 찾아낸 개가 모든 이들에게 사랑을 받은 것은 물론이었지.

그러던 어느 날 저녁에 선비가 개를 쓰다듬어 주면서 '너는 도대체 누구냐?'고 혼잣말을 했어.

그러자 개는 컹컹 짓더니 담을 넘어 서쪽으로 사라졌어. 개가 사라진 쪽에는 밝은 개밥바라기가 반짝였고, 하늘에서 낭랑한 음성이 들려와. "나는 원래 샛별이었는데, 착한 선비님을 위해 땅에 내려갔었노라."라고. 개가 다시 하늘로 올라가 개밥바라기가 된 거야.

1.6 덕흥리 고분 별자리 벽화

고구려는 옛날 한반도와 만주에 걸쳐 있었던 고대 왕국이다. 고구려 사람들은 임금이나 귀족이 죽으면 커다란 무덤을 만들어 묻어 주었다. 이러한 옛 무덤을 고분이라고 한다. 고구려가 터를 잡았던 압록강과 대동강 유역에 고구려 고분이 많이 있다. 그들은 고분 속에 시신을 편히 모실 방을 만들고 그 벽을 그림으로 꾸몄다. 이것을 '고분 벽화'라고 한다. 그런데, 흥미롭게도 스무 개가 넘는 고구려 고분 속에 별자리 그림이 있다. 그중에서 평안남도 강서군 덕흥리에 있는 고구려 고분 벽화에는 우리 조상들이 사랑해온 여러 별자리가 그려져 있어 주목된다.

① **해와 달, 삼족오와 섬여** 덕흥리 고구려 고분 벽화의 동쪽과 서쪽에는 각각 해와 달을 그렸다. 해 속에는 삼족오라고 부르는 '세 발 달린 까마귀'를 그렸고, 달 속에는 섬여라고 부르는 '달 두꺼비'를 그렸다. 해와 달, 삼족오와 섬여의 구도는 쌍영총, 각저총, 덕화리 1호와 2호, 개마총, 강서중묘, 천왕지신총, 장천 1호분, 무용총, 약수리, 오회분 4호묘와 5호묘 등에 나타난다. 때로는 섬여는 약절구 찧는 달토끼와 함께 그려지기도 한다.

해와 달, 그리고 삼족오와 섬여/달토끼는 고구려 고분 벽화 이후에도 우리 문화로 이어진다. 국립경주박물관에는 통일신라 시기의 수막새에 새겨진 달토끼와 섬여가 소장되어 있다. 전라도 순천 선암사에는 대각국사 의천(1055~1101)의 가사가 전해 온다.

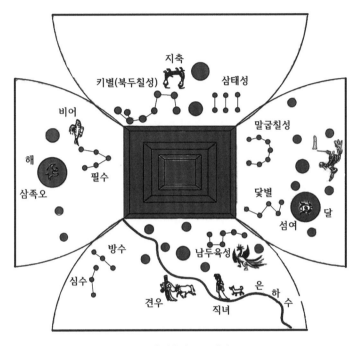

고구려 덕흥리 고분 벽화
서기 408년에 만든 고구려 시대의 고분 벽화. 대동강 하류인 평안남도 강서군 덕흥리에 있
다. 예와 항아, 견우와 직녀와 같은 중국의 신화, 《산해경》에 나오는 신기한 동물들, 그리고 신
선 등과 함께 우리 겨레가 사랑해온 별자리가 그려져 있다.

이것은 1087년에 고려 황제 선종이 준 것인데, 거기에 삼족오와 섬
여를 수놓았다. 또한 경기도 남양주에 있는 고려 말 변안렬 장군의 비
석은 16세기에 제작한 것인데, 그 머리 부분의 앞면에는 섬여를 새기

고 뒷면에는 삼족오를 새겼다. 이 밖에도 이러한 조선시대의 유물이
여럿 있다.

삼족오와 섬여

해 안에는 삼족오(세 발 까마귀)가 있고, 달 속에는 토끼와 함께 섬여(두꺼비)가 있다. 이 문양
은 한국천문연구원 본관 로비에 걸려 있는 것인데, 삼족오는 고구려의 왕관에 새겨져 있는 것
이고, 섬여는 덕화리 1호 고구려 고분 벽화에 있는 것이다.

삼족오는 예 장군이 활로 쏘았던 해 속에 들어 있던 까마귀이고, 섬
여는 예 장군의 부인인 항아 선녀가 불사약을 너무 많이 먹어서 그 부
작용으로 달 두꺼비가 된 것이다. 이 설화의 시대적 배경은 중국의 요
임금 때이니 상당히 오래된 이야기이다.

역사를 거슬러 올라가면, 기원전 4세기 중국의 전국시대의 책인《산
해경》에 열 개의 해 이야기가 적혀 있고, 기원전 300년경 중국 전국시
대 초나라의 시인인 굴원이 지은《초사》와 기원전 2세기 중국 한나라

때의 《회남자》에도 예 장군이 해를 쏜 이야기가 나온다. 이러한 고대 문헌의 이야기를 생생하게 그린 그림도 있다. 중국 호남성 장사에 있는 기원전 300년경의 마왕퇴 1호묘와 3호묘에서 명정으로 사용된 T자형 비단 그림이 발굴되었다. 그 그림에 삼족오가 들어 있는 해와 섬여가 들어 있는 달이 그려져 있다.

해가 여러 개 나타나서 화살로 쏘아 떨어트렸다는 이야기는 중국에만 있는 것이 아니다. 우리나라 제주도 설화인 '대별왕과 소별왕'에도 해와 달이 두 개씩이나 나온 이야기이다. 또한 시베리아의 소수 민족인 축치족에게도 비슷한 이야기가 전한다. 그러나 해 속에 삼족오가 있다는 이야기는 분명 중국 것이다.

덕흥리 고분은 서기 408년에 지은 것이다. 그러므로 그 당시 고구려 사람들도 예 장군과 항아 선녀, 삼족오와 섬여의 내력에 대해서 알고 있었음은 분명하다. 그런데 요즘 한국에서는 여기서 더 나아가 삼족오가 마치 고구려의 상징처럼 인식되고 있는 것 같다. 텔레비전 사극에 고구려 기마병이 삼족오 깃발을 펄럭이며 말달리는 모습이 그려진다. 고구려를 주제로 한 각종 문화 상품에 삼족오를 도안으로 넣기도 한다. 심지어 반기문 전 유엔 사무총장의 직인에도 삼족오가 새겨져 있다고 한다.

이런 맥락에서 일본 축구 대표팀의 공식 엠블럼에 들어 있는 삼족오가 사람들의 입에 오르내린다. 고구려의 상징을 빼앗겼다고 말하는 사람도 있다. 그러나 일본 축구 대표팀 엠블럼에 있는 삼족오는 예 장군이 쏜 삼족오와 완전히 같은 것은 아니다. 그것은 일본의 초대 천황인 신무 천황이 동정 '신화'와 관계가 있다. 규슈에 살던 신무(神武) 천황은 형제들과 의기투합하여 살기 좋은 땅을 찾아 세토 내해를 따라 동쪽으로 진군하여 마침내 야마토 지방에 이르렀다고 한다. 야마토는 오늘날의 오사카·나라 지역이다. 이때 신무 천황이 도중에 길을 잃었는데 신령한 까마귀가 나타나서 길안내를 했다고 한다. 일본말로 까마귀를 가라스라고 하는데, 이 신령한 까마귀가 야타가라스(八咫烏)이다. 그래서 야타가라스는 왜국 왕실을 상징하게 되었다.

681년 시작된 왜국의 국가 체제 정비 사업은 서기 701년에 대보 율령이 반포됨으로써 마무리되었다. 율(律)은 오늘날의 형법에 해당하고, 령(令)은 오늘날의 행정법에 해당한다. 이때부터 왜국은 일본이라는 율령에 의해 다스려지는 나라로 새 출발을 하게 되었다. 일본이란 이름에서 알 수 있듯이 새 나라의 상징은 태양이었다. 그래서 아마도 이 무렵에 야타가라스가 태양의 삼족오와 융합되었다고 짐작된다.

서기 701년 문무(文武) 천황은 설날 조하 의식을 거행하였다. 이 행사에서 천황의 좌우에 의장(儀仗)을 세웠다. 그 모습이 어떠했는지 《속일본기》를 보자.

> 대보 원년(서기 701년) 봄 정월 초하루에 천황이 대극전에 납시어 조하를 받았다. 그 의식에서 대극전의 정문에 까마귀 모양의 당(幢)을 세우고, 그 왼쪽에는 해, 청룡, 주작을 그린 당을 세우고, 오른쪽에는 달, 현무, 백호를 그린 당을 세웠으며, 번이(지방 제후)의 사자들이 좌우에 도열하니, 문물의 의식이 이에 갖추어졌다.
>
> - 《속일본기》 권2 대보원년 정월

여기서 가운데에 세운 의장은 왕당(王幢)이라고 해서 국왕을 상징한다. 역사 기록에 따르면, 야타가라스를 새긴 왕당을 중앙에 세우고, 그 양쪽으로 해와 달, 그리고 사령을 나타낸 당을 세웠음을 알 수 있다.

이때 사용된 의장의 모습을 그려 놓은 책이 있다. 일본 국회도서관에 소장되어 있는 《예의류전도회》라는 책에서 해와 삼족오, 달과 섬여/토끼의 모습을 묘사한 의장을 확인할 수 있다. 중앙에 있는 왕당은 삼족오가 아니라 동오(銅烏) 즉 '놋쇠로 만든 까마귀'라고 적혀 있지만, 다리 수를 세어 보면 삼족오이다.

일본 천황 즉위식 의장(儀仗)의 일부

《예의류전도회》권1 (일본국회도서관 청구기호 ほ-61), 토쿠가와 미츠쿠니(德川光國, 1628~1701) 편저. 중앙은 동오당(銅烏幢) 즉 까마귀이고, 오른쪽은 일상당(日像幢) 즉 해이고, 왼쪽은 월상당(月像幢) 즉 달이다. 해의 안에는 삼족오가 있으며, 달 안에는 약절구 찧는 토끼와 섬여가 있다. 일상당 옆에는 청룡당과 주작당이 차례로 놓이고, 월상당 옆에는 백호당과 현무당이 차례로 놓인다.

2016년에 일본 나라현에서 매우 흥미로운 유적이 발굴되었다. 다음은 일본의 나라 문화재 연구소의 발표 내용을 요약한 것이다.

2016년 9월 28일 나라 문화재 연구소의 발표에 따르면, 나라현 카시하라시에 있는 후지와라궁 유적에서, 설날 조하 의식을 치를 때 당(幢)을 세웠던 기둥 구덩이 일곱 개가 발굴되었다고 한다. 일곱 개의 기둥 구덩이는, 2008년도 조사에서 발굴된 것을 포함하여, 모두 대극전 남문 앞 광장 유구에서 출토되었으며, 이는《속일본기》에 서술된 내용, 즉 대보 원년(서기 701년)에 율령국가의 완성을 축하하는 의식에서 일곱 개의 의장(儀仗)을 세웠다는 기록과 정확하게 일치하는 것이다.

이러한 일본의 의장 제도는 근세까지 계속되었다. 일본 오사카부립 도서관의 오하라 문고에는 근세 에도시대의 천황 즉위식을 기록한 그림이 소장되어 있다. 그중에는 히가시야마(東山) 천황(재위 1687~1710년)과 고사쿠라마치(後桜町) 천황(재위 1761~1771년)의 즉위식 기록화가 있다. 이 그림을 보면, 그 의장 제도가 701년 문무 천황 때의 것과 같음을 알 수 있다.

국왕은 즉위식이나 조상 제사와 같은 가장 중요한 행사에서 공식 예복인 '면복'을 입고 '면류관'이라는 관을 머리에 쓴다. 이와 관련해서도 삼족오 및 섬여의 이야기가 회자되었다. 즉, 얼마 전, 나루히토 천황이 즉위식에서 입었던 면복을 보니, 그 왼쪽 어깨에는 태양과 삼족오가, 또한 오른쪽 어깨에는 달과 섬여가 수놓아져 있었다는 것이다. 이것도 일본 축구 대표팀의 엠블럼과 같이 고구려의 상징인 삼족오와 연관 지어 생각하는 사람도 있는 것 같다. 그러나 결론부터 말하면 이러한 복식 문화는 중국 한족의 전통이다.

앞서 즉위식 기록화를 남긴 두 일본 천황이 입었던 면복 그림이 한국에 남아 있다. 히가시야마 천황과 고사쿠라마치 천황이 입었던 면복을 그려 놓은 《면복도첩》이라는 희귀한 책을 한국학중앙연구원 장서각과 국립중앙도서관이 소장하고 있는 것이다.

일본의 히가시야마 천황(재위 1687~1710)이 입었던 면복

한국 국립중앙도서관 소장, 1907년에 출간된 《면복도첩》(청구기호: 古古6-16-111)에 들어 있는 면복의 상의와 일월 문양이다.

히가시야마 천황이 쓰던 면류관을 보면, 꼭대기에 새 한 마리를 조각해 놓았고 거기서 사방으로 빛살이 뻗어 나가고 있다. 그 뻗어 나가는 빛살은 햇빛이며, 그 새는 당연히 야타가라스다.

또한, 그 면복의 상의에는 양쪽 어깨에 수놓은 해와 달 문양과 뒷덜미에 수놓은 북두칠성 문양을 포함하여 모두 여덟 가지다. 하의는 치마인데, 거기에는 네 가지 문양이 사용되었다. 그러므로 상하의를 모두 합하면 열두 가지 문양이 쓰였다. 이것은 중국의 고대 의례 제도에서 천자가 입는 면복에 '십이장문'이라 부르는 열두 가지 문양을 사용하는 전통을 따른 것이다.

중국의 면복 제도에서 해와 달 문양은 '십이장문'에 속한다. 십이장문에 대한 가장 이른 기록은 《상서》〈익직〉에 적혀 있는 순임금의 말이다. 순임금의 말을 인용했다는 것은 그 기원이 그만큼 오래되었다는 뜻이다. 면복에 대한 규정도 《주례》와 같은 책에 간략히 정의되어 있다. 중국의 한족 왕조들, 즉 한나라, 위촉오 삼국, 진나라, 수나라와 당나라, 송나라, 명나라의 제왕들은 대개 전통 면복을 입었다. 만주족의 청나라는 그 면복 제도를 전부 폐지하고 자신들의 전통 위에 새로 디자인한 면복으로 바꾸었다.

중국의 면복은 한국, 일본, 베트남 등으로 전파되었다. 한국은 사료가 부족하여 면복이 언제 도입되었는지 알기 어렵다. 다만 《고려사》〈여복지〉에 따르면, "의종 때 원구, 사직, 태묘, 선농단에서 제사 지낼 때 곤면복을 입는 의례를 정했는데, 면류관의 구슬은 아홉 가닥이었고 사용된 문양이 상의 다섯 가지, 하의 네 가지로 모두 아홉 가지였다."라고 설명되어 있다. 이것은 황제의 면복이 아니라 제후왕의 면복이다. 제후의 면복에는 해, 달, 별 등 세 가지 문양이 빠진 아홉 가지 문양을 쓴다. 또한, 세종대왕이 편찬한 《국조오례의》를 보면, 조선의 국왕이 입던 면복에는 어깨에 해와 달 대신에 용을 장식하였다. 역시 제후왕의 면복이다. 그 후 대한제국을 선언하고 나서야 열두 가지 문양과 열두 가닥의 구슬로 장식한 천자의 면복을 입기 시작했다.

결론적으로 제왕의 면복에 삼족오와 섬여를 수놓는 것은 동아시아의 보편적인 디자인이었으며, 일본의 면복에 삼족오가 채택된 것은 그러한 보편적 디자인을 따른 것이라고 볼 수 있다. 다만, 신무 천황의 신화와 관련된 야타가라스를 일본 왕실의 왕당 문양으로 채택한 점은 일본식 전통이다. 그러므로 일본 축구 대표팀의 엠블럼과 같은 것을 정확한 근거 없이 아전인수로 해석하지 말았으면 좋겠다.

② **북두칠성과 남두육성** 덕흥리 고구려 고분 벽화의 북쪽 벽에는 북두칠성이 있고 남쪽 벽에는 남두육성이 있다. 다른 고구려 고분 벽화들에도 이 두 별자리를 마주 보도록 그렸다. 옛사람들은 유교, 불교, 도교 등의 종교를 믿었는데, 북두와 남두는 도교에서 중요하게 여기는 별자리들이다. 도교에서는 북두칠성이 인간의 수명을 정하고 남두육성은 그 수명을 늘려 준다고 믿는다. 신라에도 이런 믿음이 있었다. 국립경주박물관 소장 8~9세기 통일신라 시대의 곱돌 사리함 위에 머리

탑에 해와 달, 그리고 남두육성과 북두칠성이 새겨져 있다. 모두 망자의 내세가 평안하기를 염원한 것이리라.

곱돌 사리함에 새겨진 북두칠성과 남두육성
통일신라 시대의 사리함 뚜껑에 새겨진 조각이다. 남녀의 머리맡에 있는 동그라미는 해와 달을 나타내며, 남자의 오른쪽에는 북두칠성이, 여자의 왼쪽에는 남두육성이 새겨져 있다. (국립경주박물관 소장, 소장품번호: 보존회80)

③ **필수** 덕흥리 고분 벽화의 동쪽 벽을 보면 알파벳 V 자를 닮은 별자리가 그려져 있다. 이것은 이십팔수의 서방칠수 가운데 하나인 필수로 짐작된다. 중국 별자리의 필수는 알파벳 Y 자를 닮았지만 고구려 사람들은 별 하나를 생략하여 V 자 모양으로 나타냈다.

④ **말굽칠성** 서쪽 벽을 보면 알파벳 U 자를 닮은 별자리가 그려져

있다. 이것은 봄에 보이는 말굽칠성이 분명한 것 같다. 중국 별자리에서는 엽전이나 보석을 꿰는 줄인 관삭성이고, 서양 별자리로는 북쪽왕관자리에 해당한다.

⑤ **닻별**　덕흥리 고분 벽화의 서쪽 벽에는 알파벳 W 자를 닮은 별자리가 있다. 이 별자리는 중국 별자리에는 없는 것 같다. 서양의 카시오페이아자리로 생각하기 쉽지만, 고구려 시대에 서양 별자리가 들어와 있었을 리는 없다.

그런데, 고려 시대의 몇몇 석관 뚜껑에 북두칠성과 W 자 별자리가 새겨져 있다. 덕흥리 고분 벽화에도 두 별자리는 건너편 벽에 마주 보도록 그려져 있지만, 고려 시대 석관에는 두 별자리만 새겼으므로 서로 연관성을 지닌다고 추측할 수 있다.

우리나라의 설화에 따르면, 북두칠성은 '키별'이고 W 모양 별자리는 '닻별'이라고 한다. 배의 고물에 달아 놓는 방향타가 '키'이고, 배의 이물에 달아 놓는 고정용 도구가 '닻'이다. 키별과 닻별은 누가 봐도 서로 연관성이 있다. 그러므로 다른 마땅한 해석이 나오지 않는 이상, 이 W 자 별자리는 닻별로 보는 것이 자연스러울 것이다.

고려시대의 키별과 닻별

국립중앙박물관이 소장하고 있는 (소장품번호: 신수 5880) 고려시대 석관의 뚜껑돌이다. 보성(망치별)과 함께 북두칠성이 새겨져 있고, W 자 별자리가 마주 새겨져 있다. (이 사진은 국립중앙박물관에서 작성하여 공공누리로 개발한 저작물이며, 사진 원본은 국립중앙박물관의 소장품 검색 사이트에서 무료로 다운로드할 수 있다.)

⑥ **방수와 심수**　덕흥리 벽화의 남쪽 벽에는 한자의 들어갈 입[入] 자를 닮은 별자리가 있다. 이 별자리의 정체는 대동강 하류에 있는 평안남도 남포시의 약수리에 있는 고구려 고분 벽화에서 그 힌트를 얻을 수 있다.

이 고분 벽화에도 동쪽에 해를 그리고 서쪽에 달을 그렸다. 동쪽에는 청룡, 서쪽에는 백호, 남쪽에는 주작, 북쪽에는 현무를 그렸다. 이들은 사령이라 해서 각 방위를 지켜 주는 수호신으로 알려져 있으나,

이들은 본디 이십팔수로서 사방칠수를 상징한다.

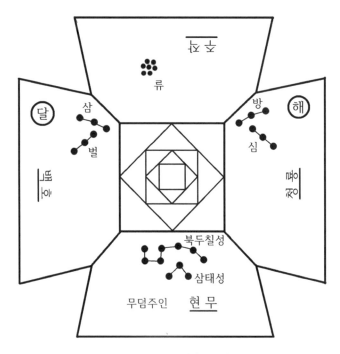

약수리 고분의 별자리 벽화

남포시 강서구역 약수리에 있는 5세기 초 고구려 시대에 만들어진 고분 벽화이다. 동쪽과 서쪽에 해와 달을 그렸고, 동서남북을 대표하는 별자리와 청룡, 백호, 주작, 현무를 각각 그렸다. 북쪽에는 북두칠성과 삼태성을 그렸고, 그 아래에는 장막 안에 무덤에 묻힌 주인공 부부가 앉아 있다.

다시 말하면, 동방칠수는 청룡의 모습을, 서방칠수는 백호의 모습을, 남방칠수는 주작의 모습을, 북방칠수는 현무의 모습을 이루고 있는 것이다. 그러므로 각 방위에 새겨진 사령은 각 방위의 일곱 수를 대표하는 별자리라고 볼 수 있을 것이다.

약수리 고분에는 동쪽 청룡의 머리맡에는 입(入) 자 모양의 별자리를 그렸고 서쪽 백호의 머리맡에는 인(人) 자 모양의 별자리를 그렸다. 청룡을 이루는 각항저방심미기는 심수가 대표하고, 백호를 이루는 규루위묘필자삼은 삼수가 대표한다고 볼 수 있다. 그런데, 방수와 심수가 입(入) 자 모양을 이루고, 삼수와 그 아래에 있는 벌성(伐星)이 인(人) 자 모양을 이루는 것은 매우 인상적이다. 이것을 보면, 덕흥리 고분에 그려져 있는 입(入) 자 모양의 별자리는 방수와 심수를 그린 것이 분명하다.

심수와 삼수 또는 방심과 삼벌은 하늘의 반대쪽에 있다. 그래서 심수(방심)가 동쪽 하늘에 떠오르면 삼수(삼벌)는 서쪽 하늘로 지고, 반대로 삼수(삼벌)가 동쪽 하늘에 떠오르면 심수(방심)는 서쪽 하늘로 진다. 마치 두 별자리는 서로를 피하려는 듯하다. 그래서 중국의 별자리 전설에서는 심수의 대화성(안타레스)과 삼수의 세 별(세쌍둥이별)은 서로 사이 나쁜 형제들로 본다. 또한, 삼벌은 서양 별자리의 오리온자리이고 방심은 서양 별자리의 전갈자리인데, 그리스 신화에 따르면 오리온 사냥꾼은 태양의 신인 아폴론이 보낸 전갈에게 물려 죽었기 때문에 오리온은 겨울철 별자리로 만들고 전갈은 여름철 별자리로 만들어 전갈이 오리온을 해칠 수 없도록 정반대 쪽 하늘에 두었다고 한다.

☌ 앙숙이었던 알백과 실침

옛날 고신씨에게는 두 아들이 있었어. 맏아들은 알백이고, 작은 아들은 실침이야. 그들은 광림이라는 숲에 살았지만 서로 사이가 나빠서 심지어 방패와 창을 들고 싸우기까지 했단다.

"형제끼리 칼부림을 하다니!"

요임금이 이를 보다 못해, 알백은 상구(商丘, 중국 하남성 상구)로 가서 대화성(안타레스)을 받들어 제사를 올리도록 하고, 실침은 대하(大夏, 중국 산서성 태원)로 가서 삼성(오리온자리의 세쌍둥이별)을 받들어 제사를 지내도록 했단다.

⑦ **삼태성** 덕흥리 고분에는 방심 별자리의 맞은편에 있어야 할 삼벌 별자리는 없고 대신 ♂♂♂ 모양으로 늘어선 별자리가 있다. 이 별자리는 삼태성으로 생각된다. 실제 하늘에서 삼태성은 여섯 별로 되어 있고 북두칠성 국자의 등 쪽에 있다. 삼태성은 다른 고구려 고분에도 그려져 있으나, 그 모양과 북두칠성에 대한 위치는 조금씩 다르다. 덕흥리 것은 ♂♂♂ 형으로 국자 등 쪽에, 약수리는 ∧ 형으로 국자 등 쪽에, 진파리 4호분(6세기 전반)은 ∘∘∘ 형으로 국자 입 쪽에, 집안 오회분 4호묘(7세기경)는 ∘∘ 형으로 국자 입 쪽에 그렸다. 덕흥리 고분의 삼태성은 실제 삼태성과 가장 닮았다.

삼태성은 고려시대 고분 벽화에도 나타난다. 고려의 고분은 개성 주변의 왕과 귀족의 무덤이 많고 지방에도 몇몇이 발굴되었다. 그중에서 벽화 고분은 22기 정도이며, 별자리 벽화는 17기에서 발견된다고 한다. 대부분이 북한 땅에 있고 이미 망실되거나 퇴락한 것도 많다. 안동 서삼동 고분(12세기 초)과 경기도 개풍군에 있는 고려 20대 황제 신종(재위 1197~1204)의 양릉에는 천장에 비슷한 모습으로 별자리가 그려져 있다. 중앙에 해와 달, 북두칠성, 삼태성이 있고 그 둘레를 이십팔수가 두르고 있다. 서삼동의 삼태성은 ⁝형이며 북두칠성 자루 등 쪽에 있고, 양릉의 삼태성은 〈 형으로 북두칠성 자루 끝에 있다. 경기도 파주 서곡리에 있는 고려 말 권준(1352년 사망)의 고분에는 천장에 북두칠성과 삼태성만 그렸다. 이 삼태성은 ⁝형이며 국자 자루의 등 쪽에 있다.

이러한 다양한 별자리를 삼태성이라고 단정하는 까닭은, 예로부터 우리 겨레가 삼태성을 신앙의 대상으로 여길 정도로 중요하게 여겨 왔기 때문이다. 예로부터 우물가에 정화수 한 잔 떠 놓고 북두칠성과 삼태성에게 기도했다. 중국 천문의 삼태성은 정승을 뜻하므로 기도를 올릴 대상은 아니다. 이에 비해, 도교에서는 삼태성은 사람을 낳아 보살피는 허정, 곡생, 육순이라는 별님으로 믿으며, 이 별님들에게 기도를 올린다. 더욱 흥미로운 것은, 이 별님들이 하는 일이 우리의 삼신할미와 통한다는 것이다. 우리 별자리 이야기에는 세쌍둥이를 낳은 당금애기가 고생 끝에 가족 상봉을 하여 잘 살다가 아기를 점지하고 출산을 돕고 아기가 잘 크게 보살펴 주는 삼신할미가 되고 하늘에 올라가 별이 되었다는 이야기가 있다.

북두칠성, 하나 둘 서이 너이 다섯 여섯 일곱 분께

민망한 발괄 소지 한장 아뢰나이다

그리던 임을 만나 정엣 말씀 채 못하여 날이 쉬 새니 글로 민망

밤중만 삼태성 차사 놓아 샛별 없이 하소서.

- 여창가곡 〈평롱〉

⑧ 견우와 직녀　덕흥리 고분에는 남쪽 벽에 '견우와 직녀'가 그려져 있다. 견우는 소를 끌고 있고, 직녀의 발치에는 검둥개가 따른다. 견우와 직녀 사이에는 은하수 강물이 가로막고 있다. 덕흥리 고분은 서기 408년에 만들었으므로, 1,600년 전 고구려 사람들도 견우와 직녀의 사랑 이야기도 알고 있었던 것이다!

견우와 직녀의 이야기는 아주 오랜 옛날부터 동아시아 사람들에게 민속과 문학의 소재로 매우 익숙하다. 공자가 중국 춘추전국시대(기원전 770~기원전 403년) 이전의 노래를 모아 놓은 《시경》의 〈소아〉편에 대동(大東)이란 시에 이미 두 별이 나온다.

하늘에 은하수, 바라보니 빛이 있다.

삼각형의 저 직녀, 하루에 일곱 자리 옮기네.

비록 일곱 자리 옮겼어도 비단 문양 이루지 못하며,

빛나는 저 견우, 수레 끌지 못하네.

동쪽의 계명성, 서쪽의 장경성, 그리고 필성은

줄지어만 있네.

남쪽의 기성, 키질 못하며,

북쪽의 북두, 술과 국 뜨지 못하는구나.

남쪽의 기성, 다만 그 혀를 내밀고

북쪽의 북두, 서쪽에 자루를 걸었도다.

《시전》은 송나라의 주희(1130~1200)가 《시경》을 해설한 책이다. 조선시대 선비들이 읽던 《시전》의 판본에는 위의 시를 설명하기 위한 천체도가 들어 있다. 그 천체도를 그린 사람은 이십팔수의 하나인 우수(牛宿)를 견우성으로 보았다. 또한 옛날에는 새벽에 보이는 금성을 계명성, 저녁에 보이는 금성을 장경성이라고 불렀다. 필수 또는 필성은 오늘날의 황소자리에 해당하는 Y 자형 별자리인데, 앞에서 살펴보았듯이, 덕흥리 고분 벽화에는 V 자 모양으로 그렸다.

조선시대 선비는 《시전》을 읽었다. 이 선비들 사이에 떠돌던 여담이 있다. 은하수 물가에 있는 북두와 남두는 견우와 직녀의 아이들이 은하수 물을 퍼내던 바가지라고 하고, 또 견우와 직녀는 서로의 정표를 던졌으니 Y 자 모양의 필수는 견우가 던진 코뚜레이고 ㄷ 자 모양의 기수는 직녀가 던진 얼레빗이라고 한다.

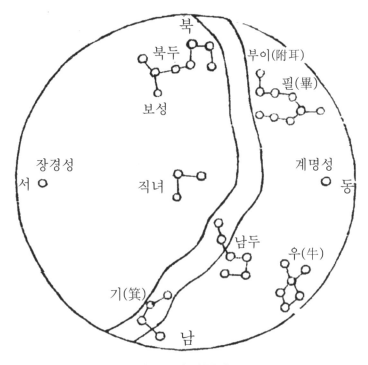

《시전(詩傳)》의 〈대동총성도〉

대동(大東)이라는 시에 나오는 천체들을 설명하는 삽화다. 이것을 그린 사람은 이십팔수의 우수(牛宿)를 견우로 보았다. 여기의 우수의 가운뎃별이 서양별자리로는 염소자리의 베타별인 다비(Dabih)이다.

그런데 예로부터 하늘의 어느 별이 견우성인지가 논란이 되어 왔다. 《천문류초》와 같은 천문학 문헌에는, 견우(또는 우수)는 이십팔수의 하나로서 모두 여섯 개의 별로 이루어진 별자리로서, 주로 농사와 관계된 별점을 갖고 있다고 소개되어 있다. 농사를 중요하게 여기던 고려와 조선에서는 달이나 행성이 견우성에 다가가면 그것을 관찰하여 역사책에 남겼다. 그것을 현대 천문학으로 계산하여 확인해 보니, 그 기록의 견우성은 염소자리 베타별인 다비(Dabih)임을 알 수 있었다.

그러나 민속과 문학 작품 속의 견우성은 독수리자리 알파별인 알테어(Altair)가 분명하다. 위에서 읽어 본 시경에서도 견우성이 '무척 밝은 별'로 역시 무척 밝은 별인 직녀성과 짝을 이루어야 자연스럽고, 중국의 가장 오래된 사전의 하나인 《이아》에도 "하고는 견우를 말한다."라는 구절이 있다. 하고는 오늘날 독수리자리의 알파별, 베타별, 감마별로 이루어진 별자리인데, 그중에서 가장 밝은 별인 알테어를 하고대성으로 부른다. 《이아》는 알테어가 견우성이라고 말하는 것이다. 그러나 이 구절에 대해, 후대의 곽박(276~324)이나 훨씬 후대의 학자인 형병(932~1010) 등은 학자들 사이에도 의견이 분분했음을 전하고 있다.

이러한 혼란은 우리나라 학자들도 마찬가지였다. 가령 백호 윤휴(1617~1680)은 "직녀는 은하수 가에 반짝이고, 하고는 은근히 빛을 내뿜는다."라고 읊었다. 직녀의 짝으로 하고를 내세운 것이다. 성호 이익(1681~1763)은 그의 《성호사설》에서, 남송의 학자인 정초(1104~1162)는 《이아》를 증거로 들어 '하고가 견우'라고 주장했으나,

조사해 보니 학자마다 주장이 다르고 또한 자신이 직접 천문도(《천상열차분야지도》)를 살펴보니 견우와 하고는 서로 다른 별자리로 되어 있어서, 결국 어느 별이 견우성인지 모르겠다고 하였다.

최근 이 문제를 종합적으로 연구한 결과, 민속과 문학에서는 독수리자리의 알테어가 견우별이었고, 천문학에서는 염소자리의 다비가 견우별이었음을 알 수 있었다. 그러므로 천문학을 연구할 것이 아니라 단지 민속놀이를 즐기고 문학 작품을 읽고 쓸 것이라면, 밝아서 찾기 쉽고 직녀성의 짝으로 어울리는 알테어를 견우별로 정해도 별 탈이 없을 것이다.

별자리 고분 벽화를 그리는 전통은, 중국에서도 요나라 고분에서 볼 수 있듯이 후대로 이어져 내려갔고, 일본에서도 기토라 고분 벽화에 상당히 많은 별자리가 정교하게 그려진 것이 발굴되었다. 한국에서도 고려시대의 왕릉이나 귀족의 무덤에 별자리 벽화가 그려져 있으며, 이것은 조선 초기의 왕릉 만드는 방식에도 이어졌다. 세종대왕 때 정한 《국조오례의》의 〈흉례·치장〉 조에는 다음과 같이 이렇게 되어 있다.

> 덮개돌의 안쪽 면에 유연묵[2]으로 하늘의 형상, 해와 달, 성신, 은하 등을 그리되, 모두 계산된 위치에 의하고, (해는 붉은색,

---

2) 유연묵: 기름을 태워 만든 묵.

달은 백회 가루를 사용한다.) 그 하늘의 형상 바깥과 사방의 벽면 돌 위에는 모두 백회 가루로 바탕에 칠하고, 그 위에 동쪽에는 청룡, 서쪽에는 백호를 그린다. (둘 다 머리는 남향.) 북쪽에는 현무를 그리고, 남쪽에는 주작을 그리되, 문이 닫혔을 때 합쳐져서 하나의 온전한 주작이 되게 한다. (현무와 주작의 머리는 서쪽 방향.)

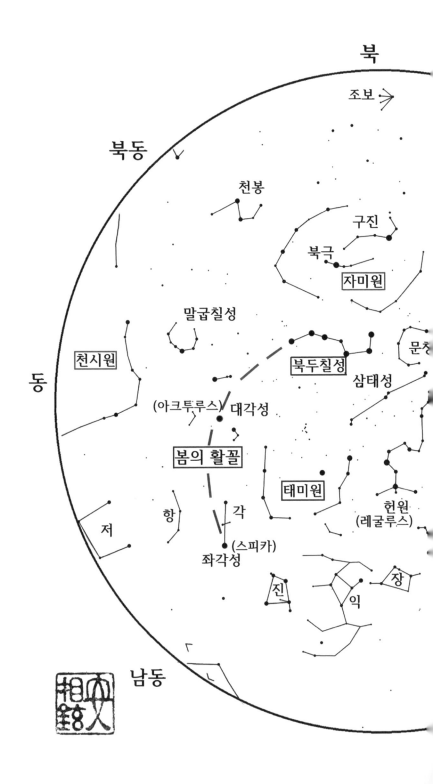

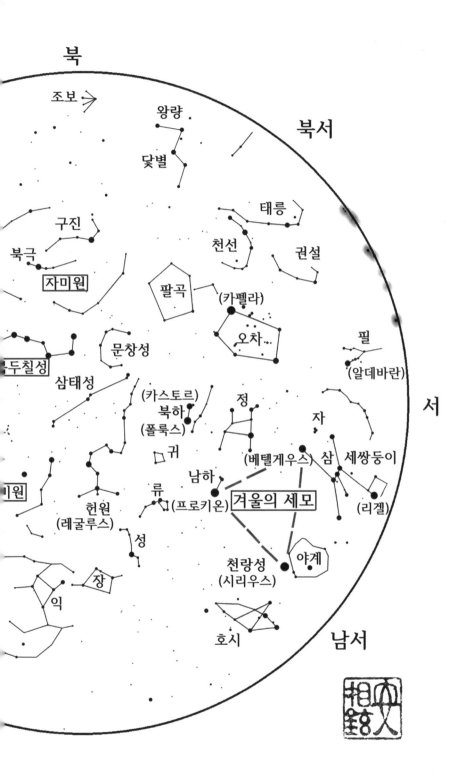

제2장

봄철 별자리

2.1 봄철 별자리 안내

낮과 밤의 길이가 같다는 춘분 무렵, 저녁 9시의 밤하늘에는 아직도 겨울 별이 떠 있다. 한밤중이 되면, 그 겨울 별은 서쪽으로 기울고 봄철 별자리들이 동쪽에서 떠오른다. 이날 한밤중에 보이는 별자리들을 알아보자.

먼저 겨울 별자리들부터 찾아보자. 겨울 밤하늘 여행의 길잡이인 겨울의 세모가 서쪽으로 지고 있다. 삼수의 좌장군성(베텔게우스), 남하대성(프로키온), 천랑성(시리우스)을 잇는 정삼각형을 겨울의 세모라고 한다.

나비처럼 생긴 삼수가 서쪽 지평선으로 지고 있다. 삼수는 서양의 오리온자리다. 오리온의 벨트에 해당하는 세 별은, 중국에서는 별이 셋이기 때문에 삼수라고 불렀지만, 우리 별자리로는 세쌍둥이별이다. 세쌍둥이는 한 명씩 태어났으므로 동쪽에서 떠오를 때는 하나씩 뜨고, 한날한시에 죽기로 맹세했기 때문에 서쪽으로 질 때면 지평선에 나란해져서 한꺼번에 진다.

그 위에 있는 오각형은 오차성이다. 서양 별자리로는 마차부자리다. 마차부자리의 알파별은 카펠라이다.

삼수의 동쪽 아래에 무척 밝은 별이 하나 있다. 하늘의 늑대별인 천랑성이다. 서양 별자리로는 큰개자리의 시리우스라는 별이다.

그 북쪽에 밝은 별 두 개가 나란히 있다. 서양 별자리로는 쌍둥이자리의 머리 부분을 이루는 별들이며, 별의 이름은 각각 카스터와 폴룩스이다. 이 두 별은 동양 별자리로는 북하성에 해당한다.

북하성와 천랑성 사이에 있는 밝은 별은 남하성의 가장 밝은 별이다. 서양 별자리로는 작은개자리의 알파별인 프로키온이다. 큰개자리와 작은개자리는 오리온 사냥꾼이 데리고 다니는 개들이다.

이제 봄 별자리들을 만나 보도록 하자.

동쪽 하늘로 눈길을 옮겨 보자. 북동쪽 하늘에 익숙한 별자리가 보일 것이다. 바로 북두칠성이다. 북두칠성은 우리나라에서는 배의 방향을 바꾸는 방향타이다. 우리말로 방향타를 '키'라고 하므로 이 별자리는 '키별'이라 부른다.

키별의 손잡이는 끝부분이 약간 휘어 있다. 그 휜 방향을 따라 눈길음을 옮기면 밝은 별 하나를 만나게 된다. 이 별은 대각성이라는 별인데, 서양 별자리에서는 목동자리의 알파별인 아크투루스이고 동양 별자리에서는 동방 청룡의 큰 뿔이다.

대각성 동쪽에는 알파벳 U 자를 닮은 별자리가 있다. 말굽칠성이다. 동양 별자리에서는 엽전을 꿰는 줄이고, 서양 별자리로는 북쪽왕관자리이다.

북두칠성의 손잡이로부터 시작해서 대각성을 지나 눈걸음을 계속해서 남쪽으로 옮기면 밝은 별 하나를 또 만난다. 이 별은 '좌각성'이다. 흔히 그냥 '각성'이라고도 한다. 동방칠수의 첫째인 각수를 이루는 두 별 가운데 하나이다. 서양 별자리로는 처녀자리의 알파별인 스피카다.

이처럼 북두칠성의 자루가 휘어진 방향으로 상상의 선을 이어서 대각성과 좌각성까지 커다란 곡선을 그려 볼 수 있다. 이 곡선을 '봄의 활꼴'이라고 부른다. 이 모양을 기준으로 주변의 별자리를 찾으면 편리하다.

판소리 춘향가는 성춘향과 이몽룡의 사랑을 노래한 것이다. 그 무대는 전라도 남원이요, 두 사람이 처음 만난 곳은 바로 광한루이다. 광한루는 원래 1419년 황희 정승이 이곳으로 유배를 와서 광통루라는 작은 누각을 지어 놓고 산수를 즐기던 곳이었다. 그 후 세종 26년 1444년에 정인지가 이곳의 아름다운 경치에 반해 달나라 항아 선녀가 사는 월궁인 광한전과 같다고 해서 '광한루'라고 부르기 시작했다고 한다.

광한루를 중심으로 널찍한 정원이 조성되어 있다. 옛날 광한루 앞에는 좁은 시냇물이 흐르고 있었다. 송강 정철이 전라도 관찰사로 부임하여 이 시냇물을 은하수를 상징하는 넓은 연못으로 만들었다. 그 연못을 가로지르는 긴 다리는 오작교이다. 광한루에서 연못 건너편에 달을 감상한다는 완월정이라는 작은 정자가 있다.

해마다 5월 초에는 광한루 일대에서 성춘향을 기리는 춘향제가 벌어진다. 1999년 춘향제 때부터 춘향별과 몽룡별을 지정하였다. 봄철에 벌어지는 축제이다 보니, 봄에 뜨는 별 중에서 밝은 별인 좌각성(스피카)을 춘향별로 정하였고 대각성(아크투루스)을 몽룡별로 정하였다. 남원에는 남원항공우주천문대도 있어서 한층 별을 보기 좋은 여건을 갖추고 있다.

다시 북두칠성으로 가 보자. 북두칠성은 네모난 국자와 길쭉한 손잡이로 되어 있다. 국자 아래에 세 쌍의 별이 종종종 있는 게 보일 것이다. 봄철 자정 무렵에 우리 정수리 위에 보이는 이 별자리는 바로 삼태성이다. 아기를 점지해 주고 엄마 태중에서 보호하여 무사히 태어나게 해 주고 탈 없이 크게 해 준다고 하니, 우리나라의 삼신할미가 아닌가? 고구려 고분 속에도 그려져 있는 삼태성이 바로 이 별자리이다.

북두칠성 국자의 앞에는 알파벳 C자처럼 생긴 별자리가 있다. 이것이 바로 문창성이다. 우주의 문장력을 모아 놓은 별이라고 하므로 글을 잘 쓰고 싶으면 이 별님께 빌어야 할 것이다.

그 아래를 보면, 물음표(?)의 좌우를 뒤집어 놓은 듯한 별자리가 보일 것이다. 이 별자리는 바로 헌원성인데, 여기서 가장 밝은 별은 헌원

대성이다. 서양 별자리로는 사자자리와 그 알파별 레굴루스이다. 헌원은 중국의 신화에 등장하는 전설적인 임금이다. 사마천의 《사기》라는 역사책에 따르면, 헌원의 어머니 부보가 들판에서 기도를 올리다가 큰 번개가 북두칠성의 첫째별인 천추성을 감싸 도는 것을 보고 헌원을 잉태했다고 한다. 부보는 스물넉 달 만에 헌원을 낳았다. 헌원은 어릴 때부터 영특하더니, 점차 견문을 쌓아 사리가 분명한 청년으로 성장했다. 헌원은 치우를 물리치는 등 혼란한 시대를 평정하였으며, 옷, 수레, 문자, 육십갑자, 의학 등을 만들었고, 신농을 이어 임금이 되었다. 중국 민족은 그를 시조로 섬긴다. 헌원을 황제(黃帝)라고도 하는데, 그가 왕위에 있었을 때 하늘에서 황룡이 나타났기 때문이었다.

헌원성과 대각성, 좌각성으로 둘러싸인 부분은 태미원이다. 중국 별자리를 삼원과 이십팔수로 나누는데, 태미원은 그 삼원의 하나이다. 태미원은 말하자면 하늘나라의 귀족과 대신들이 모여 국정을 논의하는 하늘나라의 정부종합청사라고 할 수 있다.

2.2 키별과 닻별

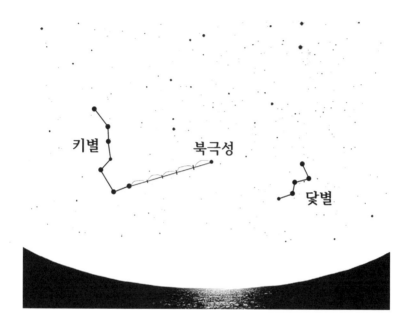

밤하늘의 별은 북극성을 축으로 하루에 한 바퀴씩 하늘을 도는 것처럼 보인다. 북극성을 찾으려면 정북쪽 밤하늘을 바라보고 편안한 높이로 올려다보라. 거기에 외롭게 빛나는 별이 하나 있을 것이다. 그 별이 북극성이라고 보면 틀림이 없다. 키별과 닻별의 중간쯤에 있으니 쉽게 찾을 수 있다. 북두칠성(키별)의 국자의 끝별 두 개를 잇는 선을 따라 다섯 배를 해도 찾을 수 있다.

북두칠성은 우리 별자리로는 '키별'이다. 키라는 것은 배의 방향을 바꿀 때 쓰는 방향타이다. 이제 북극성을 가운데에다 두고 키별과 마주 보는 곳을 보라. 알파벳의 W 자를 닮은 별들이 보일 것이다. 이것은 서양 별자리의 카시오페이아자리인데, 우리나라에서는 '닻별'이라고 한다. 닻이란 배를 정박시킬 때 바다 밑으로 내리는 도구이다. 배의 이물에는 닻이 있고 고물에는 키가 있다. 어부들이 배를 타고 먼바다로 나가서 물고기를 잡을 때, 키별과 닻별을 보고 북쪽을 찾아서 길을 잡았다고 한다.

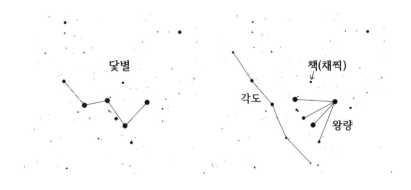

중국 별자리에는 여기에 닻별처럼 생긴 별자리는 없다. 닻별은 중국 별자리로는 왕량성과 책성, 각도성의 일부 별들로 나뉠 뿐이다. 그런데 신기하게도 고구려의 덕흥리 고분 벽화에는 이 닻별이 그려져 있다. 또한, 고려시대의 석관 위에도 닻별이 새겨져 있는데, 더욱 놀라운 것은 그 맞은편에 키별도 새겨져 있다는 사실이다. 그렇다고 고구려나 고려 사람들이 서양 별자리를 알고 있었을 리는 없으니, 닻별은 오래

전부터 전해 온 우리 고유의 별자리가 분명하다.

☌ 북두칠성 가운데별이 조금 어두운 까닭

옛날 어느 작은 마을에 홀어머니가 아들딸을 일곱이나 데리고 살고 있었단다. 아버지는 아내와 아이들을 끔찍이 사랑했지만 그만 몹쓸 병이 들어서 일찍 세상을 떠나게 되었지. 어머니 혼자서 일곱이나 되는 아이들을 키운다는 게 여간 어려운 일이 아니었어. 그럼에도 불구하고, 어머니는 열심히 일해서 아이들을 모두 잘 키워냈어. 하지만 아이들이 자라는 만큼 어머니는 늙어 갔지. 삼단 같던 머리엔 흰 눈이 내리고, 옥같이 곱던 손발은 거칠어 힘줄이 불거지고, 버드나무 같던 팔다리는 뻣뻣해졌어.

그러던 어느 날부터 어머니가 밤마다 어디로 마실을 다녀오시는 거야. 그것도 새벽녘이 다 되어서야 돌아오시고 또 가끔 머리까지 흠뻑 젖어서 들어오시더란다.

"어머니가 도대체 어디를 다녀오시는 걸까? 혹시 너무 늙으셔서 병에 드신 것을 아닐까?"

아직 어린 막내는 걱정이 되어 밥맛을 잃을 정도였어.

"오빠, 어머니가 밤마다 어디 가시는지 우리 한번 몰래 따라가 보자."

아이들은 몰래 어머니의 발길을 뒤쫓아 보기로 했지. 아이들은 밤에 몰래 집을 나서는 어머니를 몰래 쫓아갔어. 어머니는 개울을 조심조심 힘겹게 건너더니 옆 마을 할아버지 집으로 들어가는 거야. 아이들은 화들짝 놀라지 않을 수 없었지. 아이들이 보니 늙으신 어머니와 이웃 마을 할아버지는 서로 등을 두드려 주기도 하고 세상 사는 이야기도 나누시는 거야.

새벽닭이 꼬끼오 첫 홰를 치자, 어머니는 서둘러 자리를 털고 일어섰어. 집으로 가는 어머니는 개울을 건널 때 몹시 힘들어 보였지. 다리엔 힘이 없고 눈도 침침했으니까 말이야. 징검다리도 없어서 어머니는 버선을 벗고, 치마를 걷은 다음 차가운 개울물에 발을 담갔어.

"아하, 그래서 어머니가 가끔 물에 흠뻑 젖으셨던 거로군."

일곱 남매는 늙은 어머니를 위해 징검다리를 놓아 드리기로 했어. 그래서 어머니 몰래 이 산 저 산 돌아다니며 하얗고 넓적한 아름다운 돌 일곱을 찾아다가 다리를 놓아 드렸지.

어느 날 어머니는 여느 때와 같이 밤마실을 나섰단다. 냇물을 건너려는데, 달빛에 빛나는 하얀 징검다리를 보았지.

"누가 놓았을까? 이 다리를 놓은 마음씨 고운 사람은 좋은 데로 가거라. 하늘의 별이 되어라."

어머니는 다리를 건널 때마다 하늘에 두 손을 모아 빌곤 했단다. 이 아름다운 모습에 감동한 옥황상제가 효성 지극한 일곱 남매가 놓은 다리를 본떠서 하늘에 또렷한 별자리를 만들어 주었어. 게다가 날마다 볼 수 있도록 북쪽 하늘에 걸어 두었지. 그 별자리가 바로 북두칠성이란다.

그런데 넷째 딸만은 어머니가 마실 다니는 것을 조금 싫어했어. 그래서 그 딸만 눈을 조금 흘겼지. 그래서 북두칠성의 가운데별인 넷째 별이 다른 별보다 약간 어둡단다.

2.3 북두칠성과 망치별

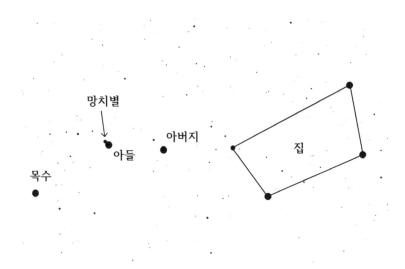

북두칠성의 국자 손잡이, 그 끝에서 두 번째 별은 눈이 좋은 사람이 보면 두 개로 보인다. 서양에서는 둘 중에 밝은 별을 마이저라고 부르고 작은 별은 알코어라고 부른다.[3]

---

3) 이 별은 Mizar와 Alcor인데, 이 책에서는 영어식 발음으로 마이저와 알코어라고 하였다. 통상적으로 이를 '미자르'와 '알코르'라고 읽는데, 무슨 근거로 그렇게 발음하기 시작했는지 알 수는 없으나, 아마도 일본식 발음을 참고한 것 같다. 예를 들어, 작은개자리의 Procyon은 일본식 발음으로는 プロキオン(후로키옹)이지만 영어식으로 발음하자면 프로사이언이다. 또한 서양의 쌍둥이자리의 Castor와 Pollux는 일본식 발음으로는 각각 カストル(카스토르)와 ポルックス(호룻쿠스)지만 영어식으로 발음하자면 카스터와 폴럭스이다. 북두칠성의 Mizar와 Alcor는 ミザール(미자아르)와 アルコル(아르코르)지만 영어식으로 발음하자면 마이저

고대 로마에서는 병사를 뽑을 때 이 별이 보이면 로마 군단의 병사가 될 수 있었다고 한다. 중국에서는 알코어를 '보성'이라고 불렀다. 북두칠성을 보좌하는 별이라는 뜻이다. 우리나라에서는 이 별을 망치별이라고 한다. 북두칠성의 네모난 부분은 솜씨 나쁜 목수가 삐뚤어지게 지은 집이다.

○< 솜씨 없는 목수와 망치별

옛날 어느 마을에 김 부자라는 사람이 살고 있었어. 어느 날 김 부자 집에 이웃집 박 목수가 찾아왔어.

"이거 꽤 낡은 집이군요. 그렇지만 너무 낡았으니깐 다시 지으시는 게 어떻겠어요?"

그해는 흉년이 들어서 박 목수의 처자식이 굶고 있었지. 그래서 일감을 하나 잡아 보려는 거였단다. 그렇지만 김 부자도 계산은 빨랐어.

"아니 이게 누군가? 솜씨 없기로 소문이 자자한 박 목수가 아닌가?"

박 목수가 지은 어떤 집은 빗물이 줄줄 새서 살 수가 없는 곳도 있었고, 깜박 잊고 대문을 만들지 않아서 창문으로 넘어 다니는 집도 있었단다.

와 알코어(알콜) 정도가 된다. 이 책에서는 한국천문학회에서 펴낸 《천문학용어집》에 있는 경우는 그것을 따르고, 용어집에 없는 경우는 영어식 발음을 참고하여 표기하기로 한다.

"솜씨 없는 목수한테는 일을 맡길 수 없어."

김 부자는 거절했어. 박 목수는 집에서 굶고 있는 처자식을 생각하며 간절히 애원했지. 결국 싸게 해 주겠다는 말에 욕심쟁이 김 부자는 마음을 바꾸고 박 목수에게 집 짓는 일을 맡겼어.

박 목수는 그날부터 열심히 집을 만들었어. 한동안 망치 소리가 그치지 않더니만 드디어 집이 다 지어졌어. 다 지어 놓고 보니 걸보기엔 집이 그럴듯해. 김 부자네는 새로 지은 집으로 이사를 하기 시작했지. 그런데 이상한 일이 벌어졌어. 방문이 열리지 않고 창문도 닫히지 않아.

"으앗, 집이 비뚤어졌잖아!"

그렇지 않아도 성미가 사나운 김 부자와 아들은 매우 화가 나서 길길이 날뛰었지.

"에이, 조금 비뚤어졌어도 못 살 정도는 아닌데요?"

박 목수가 능청을 떨자 아들은 화가 머리끝까지 치밀었지. 아들은 망치를 들고서,

"이 엉터리 목수야, 이 망치 맛을 한번 봐라!"

라면서 목수를 향해 달려들었어.

"어이쿠, 사람 살려!"

목수는 쏜살같이 도망갔지. 이를 보고 놀란 김 부자는,

"그만둬라. 그러면 안 돼."

하면서 아들을 말리러 뛰어갔단다.

솜씨 없는 박 목수의 뒤를 쫓아 망치를 든 아들이 쫓아가고, 또 그 뒤에는 김 부자가 쫓아갔어. 하지만 뜀박질 속도가 비슷해서 아무리 달려도 서로 잡히질 않아. 그래서 지금까지도 서로 쫓고 쫓기며 하늘을 빙글빙글 돌고 있단다.

2.4 점성술과 북두칠성

옛사람들은 하늘과 사람이 뭔가 이어져 있다고 생각했다. 예를 들어, 몽골 사람들은 누구나 북두칠성 가운데 한 별의 정기를 받고 태어난다고 생각한다. 우리는 그런 별을 그 사람의 '직성'이라고 한다. "그일을 해야 직성이 풀린다."라는 말을 하는데, 여기의 직성이 바로 '사람이 타고난 운명의 별'이란 뜻이다. 밤하늘을 보니까 자기의 직성에 무슨 일이 벌어졌다면 마음이 어떨까? 아마도 앞으로 자기 인생에도 무슨 일이 벌어질 것 같은 기분이 들 것이다.

'내 직성 옆에 혜성이 나타났군. 혜성은 뭔가를 바꾼다는 뜻이니까 내게 뭔가 변화가 일어나겠구나.'

이렇게 생각할 수 있을 것이다. 그런 생각을 믿는 사람은 자연히 자기의 직성에 무슨 일이 없나 하고 자꾸 관찰하게 될 것이다. 만일 임금의 직성이라면 어떨까? 앞으로 임금에게 일어날 일은 나라의 운명에 관계될 일일 것이니 날마다 눈에 불을 켜고 관찰해야 할 것이다. 이렇게 해서 점성술이 생겨났다. 점성술이란, 하늘의 천체에 일어나는 변화를 관찰하여 사람이나 나라의 미래를 예측해 보려는 믿음이다.

우리나라 사람은 언제부터 별점을 쳤을까? 우리 선조들도 아주 오래전부터 신비로운 별의 힘을 빌려 자신과 나라의 앞날을 미리 점치고자 했다.

(예의 사람들은) 새벽에 별자리의 움직임을 관찰하여 그해에 풍년이 들 것인지 흉년이 들 것인지를 미리 안다.

중국의 《후한서》의 〈오환선비동이전〉 가운데 〈예전〉에 나오는 대목이다. 그 이후 한국사의 역대 왕조도 점성술을 중요하게 여겼고, 궁정 천문학자를 두어 그 일을 맡겼다. 그들이 천문을 관측하여 남긴 기록이 역사책에 수록되어 오늘날까지도 남아 있다.

물론 점성술은 과학적으로는 의미가 없는 이야기다. 다만, 옛사람들이 그런 생각을 갖고 있었다는 것은 알고 있어야 옛 역사를 이해하는데 조금은 도움이 될 것이다. 예를 들어, 이순신 장군도 때때로 점을 치고 전술을 펼치기도 했으니 말이다.

조선의 점술가 중에는 《격암유록》이란 예언서를 남긴 격암 남사고(1509~1571)가 유명하다. 그는 대체로 프랑스의 예언가인 노스트라다무스와 비슷한 또래였다. 천문·역학·풍수 따위에 능통하였고, 한때 왕실 천문대인 관상감에 들어가서 천문을 연구하기도 하였다.

✑ 뛰는 이반신 나는 남사고

이반신(李潘臣)은 뛰어난 지관이다. 정축년인 1577년에 치우기가 나타나 하늘에 길게 뻗쳤다. 당시 재상이었던 이산해(李山海)가 이반신에게 앞으로 나타날 조짐을 물었다.

"참혹하기가 이루 말할 수 없습니다."

"기묘사화와 비교하면 어떠한가?"

"한 어진 선비가 죽습니다. 그 화가 어떻겠습니까?"

"을사사화와 비교한다면 어떠한가?"

"한 왕자가 죽습니다. 그 화가 어떻겠습니까?"

"치우기가 나온 것에 응하여 화란이 더디게 오겠는가, 아니면 빨리 오겠는가? 어느 때에 전쟁이 일어나겠는가?"

"한 나라의 임금이 노해도 그 화가 클 텐데, 하물며 하늘이 노한 것이니 어찌 그 사건이 쉽게 일어나겠습니까? 지금으로부터 16~17년 뒤에나 병란이 일어날 것입니다."

"우리나라가 천하에서 차지하는 비중은 마치 우리나라와 시흥 땅의 크기에 비교할 만한데, 혜성의 이변이야 대개 중국에 해당되는 것이지, 좁은 우리나라에 해당하겠는가?"

"그건 그렇지 않습니다. 우리나라는 중국의 연나라가 속한 분야에 들므로 화복이 중국과 다름없습니다. 비록 천문현상이 아니더라도 저번에 안개가 크게 일어난 이변이 있었으니, 그 참혹함은 치우기가 나온 것과 별 다를 바가 없습니다. 그 화가 끝내는 어느 지경까지 이르게 될는지……."

그 뒤 임진년(1592)에 이르러 과연 왜란을 당하였으니 임금이 도성을 떠나 난리를 피할 정도로 전국이 소란하였다. 이때가 이반신이 예언한 바로 그때이니 그의 말이 징험이 된 것이다.

이에 앞서 천문을 잘 보기로 유명한 남사고가 있었다. 어떤 사람이 그에게 물었다.

"나랏일이 어떻게 되겠는가? 어느 때에나 나라가 평안해지겠는 가?"

남사고가 말했다.

"동쪽에 태산(泰山)을 봉한 연후라야 평안해질 수 있을 것이오."

당시에는 사람들이 그 말이 무슨 뜻인지 알지 못했다. 나중에 중종의 계비이자 명종의 어머니인 문정왕후를 서울의 동쪽에 장사 지내고 그 능을 태릉으로 봉하였다. 이로부터 명종이 다시 국사를 다스리게 되었고 나라가 평안해졌다. 사람들은 그제야 '동쪽에 태산을 봉한다'는 예언이 허무맹랑한 것이 아니었음을 알게 되었다.

이반신은 남사고를 깔보고 '남 선생이 무슨 높은 식견을 가졌겠는 가? 나보다는 못할 것이다.'라고 여겼다. 또한 "근래에 천문을 보니 태사성(太史星) 색이 변했는데, 이는 천문을 보는 자가 죽을 징조이니 내가 오래 살지 못할 것이다."라고 말했다. 그러나 오래지 않아 남사고가 죽으니, 이반신이 이 소식을 듣고 크게 놀라, 허둥지둥 이산해에게 달려와 그 집 문 앞에서,

"정승 대감, 정승 대감, 남사고가 죽었습니다. 제가 이제야 비로소 그가 저보다 천문에 정통했음을 알겠습니다. 하늘이 보인 재앙은 남사고에게 해당되었던 것이지, 제게 해당되는 것이 아니었습니다."

라고 외쳤다.

남사고가 강릉에 있을 때였다.

"금년에는 반드시 큰 병란이 있어 이곳 사람들이 남아나지 못할 것이니 피하시오."

남사고의 말을 들은 강릉 사람들은 그의 신통한 능력을 알고 있었기에, 강원도 간성과 양양 사이의 산속으로 피신했다. 과연 그해에 전염병이 크게 일어나 죽은 자가 이루 헤아릴 수 없이 많았지만 남사고 말을 듣고 피신한 강릉 사람들은 화를 면할 수 있었다.

그러나 남사고는 강릉에 돌아와 말했다.

"쯧쯧, 내 능력은 아직 조잡하구나! 겨우 전염병을 병란이라고 했으니……."

우리나라, 중국, 일본 등에서 유행한 점성술에서는 북두칠성을 매우 중요하게 여겨 왔다. 도교의 경전인 《도장》을 보면, 사람의 수명을 늘려서 영원한 생명을 빌거나 도를 깨닫기 위한 주문과 경전 따위가 나오는데, 여기서 북두칠성은 아주 중요하게 취급된다. 북두칠성이 인간의 수명과 복을 좌우하는 막강한 힘을 지녔다고 보았기 때문이다. 그래서 우리는 칠성님이라고 받들고, 절에는 칠성각을 지어서 칠성님을 모셔 놓기까지 한 것이다.

도교에서는 북두칠성 일곱 별을 국자 끝에서부터 차례로 탐랑성, 거문성, 녹존성, 문곡성, 염정성, 무곡성, 파군성이라고 부른다. 이 별이 각각 어느 별이며 점성술에서 어떤 역할을 맡는다고 생각했는지 알아보자.

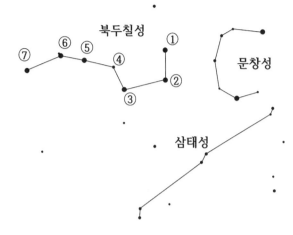

① 생명의 기운인 물을 나타내므로 생기(生氣) **탐랑성**이라고 한다. 자손의 번창을 기원한다.

② 천을(天乙) **거문성**은 하늘의 복주머니 역할을 하는데, 설날 복주머니를 차고 다니는 것은 이 별이 내려 주는 복을 받기 위해서이다.

③ 화해(禍害) **녹존성**은 인간이 복을 받는 만큼 화도 함께 받게 하는 별이다.

④ **문곡성**은 하늘의 권력을 거머쥔 별이다. 문곡성은 경양(擎羊), 타라(陀羅), 화성(火星), 영성(鈴星), 네 살성(殺星)과 천공(天空), 지겁(地劫)이란 두 흉성(凶星)을 합쳐 육살(六殺)을 모아 땅에 내려보낸다.

⑤ 오귀 **염정성**은 북두칠성의 중심을 잡아 주는 별이며, 땅의 임금이 권력을 쓸 수 있도록 허락해 준다.

⑥ 연년(延年) **무곡성**은 자미궁의 경호를 맡은 별로서 일곱 별 가운데 힘이 가장 강력하다. 무곡성은 흉성과 악살을 물리친다. 금빛 갑옷을 입고 머리는 흩어지고, 왼손에는 부리가 크고 발톱이 날카로운 붉은 수리를 잡고 있으며, 오른손에는 천부인(天符印)을 들고 있다. 조서를 내려서 검은 구름을 일으켜 벼락이 치도록 명하며, 하늘의 모든 별을 부릴 수 있는 권능을 가졌다. 연년(延年)이라는 이름에서 알 수 있듯이, 수명을 주관하는 영험함도 지녔다.

⑦ **파군성**은 북두칠성이 내보내는 기가 통과하는 문이다.

이 별들의 이름은 사실 우리에게 낯설지 않다. 타이완의 유명한 사극 중에 〈판관 포청천〉이 있다. 중국 북송 시대 개봉부를 배경으로 한 이 드라마의 주인공인 포청천은 원래 하늘의 문곡성이었다고 한다. 못된 사람의 죄를 심판하고 벌하는 그의 이마에는 반달 문양이 새겨져 있다. 이 반달 문양은 '하늘의 문'을 상징한다. 문곡성은 하늘의 권력을 거머쥔 별로 별들의 살기를 모아 땅으로 내려보내는 문의 역할을 맡는다. 심판을 내리는 별이니 판관 포청천의 이미지와 잘 어울리는 듯하다.

한편 포청천의 적인 양양왕은 바로 북두칠성의 탐랑성이 땅으로 내려온 것이라고 한다. 탐랑성은 '탐욕스런 늑대의 별'이란 뜻이니 이름이 그럴듯하다.

북두칠성 일곱 별 가운데 무곡성은 북두칠성 가운데 가장 힘이 세다고 한다. 천둥과 번개를 일으키고 모든 별을 호령한다. 또한, 사람의 수명을 주관하기 때문에, 《삼국지연의》를 읽어보면 제갈량이 죽음을 앞두고 자기 수명을 늘려 달라고 비는 별이 바로 무곡성이다.

파군성은 하늘나라의 군대를 지휘하여 우주의 사악한 것들을 토벌한다고 한다. 중국의 소설 《서유기》를 읽어 보면, 옥황상제의 명을 받들고 손오공을 잡으러 내려오는 파군성 장군을 볼 수 있다. 그래서 전쟁 중에 군대의 앞날이 어떨지 이 별을 보고 별점을 쳤다.

이 별님들이 인간 세상으로 내려와 나라를 구한 영웅이 되었다는데, 그 이야기를 들어 보자. 우리나라 역사에서 외적을 크게 무찌른 사건을 세 개만 꼽으라면, 아마도 살수대첩, 귀주대첩, 한산도대첩을 꼽을 것이다. 이것을 한국사의 3대 대첩이라고 한다.

살수대첩은 지금으로부터 약 1,400년 전인 서기 612년에 있었다. 을지문덕 장군이 이끄는 고구려군이 수나라의 삼십만 별동대를 살수(오늘날의 평안도 청천강)에게 크게 무찌른 일을 말한다. 을지문덕 장군이 거짓 항복하는 척하면서 적의 상황을 살피러 갔다가 돌아오면서 수나라의 장수 우중문에게 주었다는 시를 알고 있을 것이다. '그대의 신비한 책략은 천문에 닿았고, 신묘한 계산은 지리에 닿았네. 그 공이 이미 높으니 그만 멈추는 게 어떤가?'

귀주대첩은 지금으로부터 약 일천 년 전인 서기 1018년에 고려를 침공한 10만 명의 거란 침략군을 강감찬 장군이 이끄는 20만의 고려군이 평안도 귀주에서 크게 무찌른 일을 말한다. 이때 강감찬 장군은 나이가 무려 일흔 살인 할아버지였는데, 신출귀몰한 용병술과 치밀한 전략으로 승리를 거두었다고 한다.

한산도대첩은 지금으로부터 약 육백 년 전인 1592년에 조선을 침략한 일본의 수군을 이순신 장군이 지휘하는 조선 수군이 남해의 한산도 근처 바다에서 크게 무찌른 일을 말한다. 학익진이란 전법을 사용했고, 거북선이 종횡무진 활약을 했던 전투였다고 기억하고 있을 것이다.

이 책을 읽으시는 분들은 이미 을지문덕, 강감찬, 이순신 장군의 전기는 읽어 보았을 듯하다. 그래서 여기서는 북두칠성의 문곡성이 땅으로 내려와 강감찬 장군이 되었다거나, 또 북두칠성의 무곡성이 땅으로 내려와 이순신 장군이 되었다거나 하는 식의 이야기를 들려주려 한다. 강감찬 장군이 여우의 아들이라거나 이순신 장군이 이심이의 정기를 타고났다는 이야기로부터 시작해서 여러 가지 신비롭고 재미있는 이야기가 있다. 이 이야기는 역사책에 기록되어 있지는 않으며, 단지 사람들의 입에서 입으로 전해진 것이다. 우리는 이러한 이야기를 '설화'라고 한다. 고구려를 세운 주몽이나 신라를 세운 박혁거세가 모두 알에서 태어났다는 식의 이야기와 같은 것이다. 비록 실제가 아닌 상상의 세계를 그린 이야기지만, 설화에는 사람들이 그 영웅을 어떻게 평가해 왔는지가 들어 있다. 재미있는 이야기로만 읽어 주면 좋겠다.

2.5 문곡성 강감찬 장군

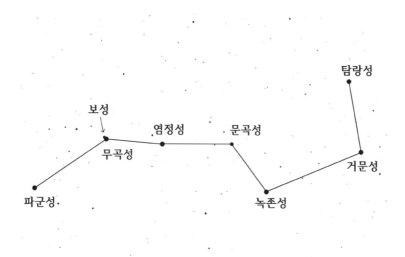

　천 년 전 고려 때의 일이다. 고려 북쪽에 살던 거란족이 요나라를 세우고 여러 차례 고려를 침략해 왔다. 십만 명이 넘는 군대로 침공해 온 것만 해도 세 차례나 되었다. 무려 삼십 년에 걸쳐 벌어진 고려와 요나라의 전쟁에서 최후의 승자는 고려였다. 강감찬 장군이 이끄는 이십만 명의 고려군이 십만 명의 거란군을 크게 무찌른 덕분에 평화를 다시 찾았던 것이다.

　그때 강감찬 장군은 무려 일흔 살이었다. 오늘날의 평안도 지역을 지키는 책임을 맡은 장군이었다가 거란이 십만 대군으로 쳐들어오자 고려군 전체를 통솔하는 상원수에 임명되었다. 강감찬 장군은 '거란군이 강력하니까 그냥은 안 되겠구나. 지략이 필요하다.'라고 생각했다. 먼저 강감찬 장군은 거란군이 올 만한 곳에 만 명이 넘는 기병(말 탄 병사)을 산골짜기에 숨겨 두고 또 굵은 밧줄로 쇠가죽을 엮어서 강물을 막아 두고 거란군이 오기를 기다렸다. 거란군이 강을 건너는 사이 둑을 터서 적군이 물에 빠져 죽게 하였다. 또 살아남은 거란군이 우왕좌왕하는 틈을 타 미리 숨겨 두었던 고려의 기병을 출동시켜 거란군을 무찔러 버렸다.

전투에서 크게 패한 거란군은 이미 시간을 너무 지체하였으므로 불리한 전세를 뒤집고자 남은 병력을 동원하여 눈앞의 고려군은 그냥 두고 곧장 고려의 도읍인 개경으로 쳐들어갔다. 그렇지만 강감찬 장군은 개경으로도 미리 군사를 보내 지키게 했다. 게다가 함경도 지역에서 수천 명의 고려군이 개경을 도우러 왔다. 그러자 고려군에게 포위되다시피 한 거란군은 말머리를 돌릴 수밖에 없었다.

그러나 후퇴하는 거란군을 기다리고 있는 것은 고려군이었다. 현재 평안북도 구성시의 북쪽에 있는 이구산에는 귀주성이 있다. 그 동쪽에서 강감찬 장군이 이끄는 고려군과 거란군은 결전을 벌이게 되었다. 양쪽 군대가 서로 버티면서 승패가 결판나지 않고 있었는데, 그때 개경을 지키러 갔던 부대가 거란군의 뒤를 쫓아 남쪽에서 모습을 드러냈다. 그와 함께 갑자기 남쪽으로부터 비바람이 불어오기 시작했다. 옛날에는 바람이 적군을 향해 불면 싸움에 무척 유리했다. 고려군은 그 기세를 타고 용기가 백 배가 되어 거란군을 맹렬하게 공격했다. 거란군은 꽁지가 빠지게 달아났으며, 고려군은 달아나는 거란군을 추격하며 공격하였다. 거란군의 시체가 들판을 덮고 고려군은 헤아릴 수 없이 많은 포로와 말과 무기 등을 빼앗았다. 결국 처음에 압록강을 넘은 거란군 십만 명 중에 살아서 돌아간 것은 고작 수천 명에 불과했다고 한다. 이것이 바로 귀주대첩이다. 귀주대첩에서 호되게 당한 거란의 요나라는 더는 고려를 침략하지 못하였고 마침내 평화가 찾아왔다.

강감찬 장군이 군사들을 이끌고 개경으로 개선하니 고려 황제가 몸소 나와서 맞이하였고 채색 비단으로 장막을 짓고 장병들에게 성대한 잔치를 벌여 주었다. 고려 황제는 강감찬 장군의 머리에 금꽃 여덟 가지를 꽂아 주었고 그의 손을 부여잡고 술잔을 권하며 위로하기를 그치지 않았다고 한다.

강감찬 장군의 아버지는 강궁진이다. 태조 왕건을 도와 고려를 세우는 공을 세워 삼한벽상공신이 되었다. 삼한벽상공신이란, 세운 공이 너무 커서 삼한(우리나라) 전체를 덮을 정도이므로 나라가 그 공을 잊지 않고 기리기 위해 그의 초상화를 벽에 걸어 놓을 정도의 신하였다는 말이다.

강감찬 장군은 태어날 때부터 남달랐다. 서울의 남쪽에 관악산에는 국사봉이 있고 그 동쪽에 문성동이라는 동네가 있었다. 글월 문[文], 별 성[星], 골짜기 동[洞] 자를 써서 문성동이다. 문성은 북두칠성을 이루는 한 별인 문곡성을 말한다. 그 마을은 이름부터 예사롭지 않다. 고려의 학자인 최자란 분의 글에 따르면, 어느 날 사신이 그 고장에 갔다가 밤에 큰 별 하나가 어느 집으로 떨어지는 것을 보았다고 한다. 그 사신이 사람을 보내 알아보니, 별이 떨어지던 그때 마침, 그 집 며느리가 사내애를 낳았다고 하였다. 그 아기가 바로 강감찬이었다.

또 강감찬이 태어날 때 관악산이 정기를 너무 많이 소모한 나머지 그 후 삼 년 동안 풀 한 포기 나지 않았다는 이야기가 전해온다. 별과 산의 영험한 정기를 받고 태어난 이 아기는 훗날, 평소에 호랑이를 타고 다녔다는 이야기가 떠돌 정도로, 큰 영웅이 되었다.

강감찬의 어릴 적 이름은 강은천이었다. 키도 작고 얼굴도 곰보인 데다가 그리 잘생긴 편은 아니었다고 한다. 그러나, 얼굴빛은 엄숙하고 성품이 깨끗하고 생활 태도가 검소했다고 하며, 무엇보다 어려서부터 학문을 좋아하고 기발한 꾀가 많았다고 한다.

강감찬 장군은 서른다섯 살에 과거 시험에 장원으로 합격했다. 그 뒤 또 서른다섯 해가 지난 그의 나이 일흔 살에 거란군을 무찔렀다. 나라에서 강감찬 장군에게 후작의 작위를 주고 천수군이란 고장의 땅을 상으로 주었다. 천수군은 오늘날 충청북도 청주시 흥덕구 옥산면 국사리 근처로 짐작되며, 지금도 여기에 강감찬 장군의 묘소로 추정되는 곳이 있고, 그 근처에 충현사라는 사당을 지어 장군을 기리고 있다.

귀주에서 큰 승리를 거둔 뒤, 강감찬 장군은 개성 남쪽의 한적한 마을로 이사하여 살았다고 한다. 개성에는 비슬산이란 산이 있고 그 산에 불은사라는 절이 있는데, 조선 시대의 남효온의 기행문에 따르면,

그 절의 서쪽에 있는 작은 마을에 강감찬 장군이 살던 집터가 있었다고 한다. 그 마을의 이름도 '별 들어온 마을'이었다고 하는데, 강감찬 장군이 송나라 사신에게 '이 사람은 문곡성의 화신이다.'라는 말을 들었기 때문에 그 별이 이 동네로 피신해 들어왔다는 말이다.

강감찬 장군은 여든네 살에 돌아가셨다. 나라에 큰 공을 세운 분이 돌아가시면 나라에서 그분이 생전에 이룩한 공적을 평가해서 특별한 이름을 올린다. 그것을 시호라고 한다. 강감찬 장군에게는 나라에서 '인헌(仁憲)'이라는 시호를 올렸다. 그래서 우리는 강감찬 장군을 인헌공이라고 부른다. 지금도 낙성대 근처에 강감찬 장군의 시호를 딴 학교가 있다.

✂ 강감찬의 탄생

서울 관악산 북쪽에 낙성대라는 곳이 있어. 옛날 고려 때 거기에 별이 떨어졌다고 해서 그런 이름이 붙었지. 고려시대의 학자인 최자란 분의 문집에 나오는 이야기야. 어느 날 하늘에서 큰 별이 어느 집으로 떨어지더래. 그래서 그 집에 가 보니 때마침 그 집 부인이 사내아이를 낳았단다. 또 입으로 전하는 이야기라서 역사책에는 적혀 있지 않지만, 이 아기가 관악산의 기운을 다 흡수해 버린 바람에 아기가 태어난 뒤 삼 년 동안은 관악산에 풀 한 포기도 나지 않았다더군. 이 아기가 바로 강감찬 장군이시지.

강감찬 장군의 아버지가 아들을 얻기 위해 관악산에서 백일기도를 하고 내려오다가 여우의 꾐에 빠져서 강감찬 장군을 낳게 되었다는 이야기도 있어. 그러니까 강감찬 장군은 여우의 아들이라는 말이지. 여우가 교활하고 변덕스럽다고? 원래 여우는 지혜가 많고 신령스러운 영물이어서 무궁한 조화를 부린단다. 강감찬 장군이 여우의 자식이라서 동물과 식물은 물론이고 심지어 귀신과도 통하고 세상일을 환히 알 수 있었다지?

강감찬 장군이 나라에 큰 공을 세우고 정승이 되었을 때, 송나라에서 사신이 왔는데, 자기도 모르게 강감찬 정승에게 절을 하면서, "문곡성이 사라진 지 오래더니 여기에 계셨군요."라고 했단다. 원래 강감찬 장군은 북두칠성의 문곡성이었다는 말이지. 그러니 그렇게 조화가 무궁하지.

⚔ 강감찬이 못생겨진 까닭

강감찬 장군의 어릴 적 이름은 강은천이었어. 강은천은 처음엔 얼굴이 곱상했었는데, 한 예닐곱 살이 되었던가, 강감찬은 손님을 해서 얼굴이 곰보가 되었대. 그것도 세 번이나 손님을 했단다. 손님이라는 것은 마마 또는 천연두라고 하는 전염병이야. 옛날에는 아이들이 이 병에 걸려서 많이 죽었단다. 또한, 병을 이겨 내도 얼굴에 마마 자국이 남아 곰보가 되었단다.

☆ 꾀 많은 강은천

이것도 강감찬이 어렸을 때 이야기인데, 역사책에는 나오지 않는 이야기야. 어느 날 비가 억수같이 오는데, 강감찬 어머니가 방아를 찧다가 빗자루가 필요했어. 그래서 건너편에 있는 강감찬에게,

"은천아, 거기 있는 빗자루 좀 다오."

그러니까,

"네! 보낼게요."

이러더니 강아지를 불러. 강아지가 꼬리 치면서 오니까 강아지 등에다 빗자루를 매달더니,

"어머니! 강아지를 부르세요."

이러네? 어머니가 강아지를 부르니까, 강아지가 어머니한테 쪼르르 달려갔어. 강감찬이 비 한 방울 맞지 않고 어머니 심부름을 한 거지. 보통 영특했던 게 아니야.

☆ 여우 신랑을 물리친 강감찬

강은천은 어려서 온몸이 털북숭이고 키도 작았단다. 게다가 대여섯 살이 되도록 말문이 트이질 않았어. 은천이의 부모는 늘 걱정이었지. 하루는 아버지 친구가 와서 아버지더러 옆 마을 초례 치르는데, 그러니까 결혼식에 같이 가자고 했어. 그래서 일어서서 가려고 하니까 은

천이가,

"아버지 저도 데리고 가세요."

이러는 거야. 아이가 드디어 말을 하니 강감찬 아버지가 뛸 듯이 기뻐서 아이를 안고 갔어.

그렇게 혼삿집에 갔는데, 다들 '신랑 참 잘생겼다'고 칭찬을 하며 그 장인 장모에게 덕담을 건네는데, 글쎄 꼬마 은천이가 그 신랑 앞에 가서 노려보고만 있더란 말이야. 그런데 이상한 건, 그 신랑이 풀이 죽더니 얼굴빛이 안 좋아. 그러더니 은천이가 벌컥 "가라!"라고 호통을 치니까, 그 신랑이 재주를 세 번 넘더니만 글쎄 여우로 둔갑해 도망을 치더래.

하객들이 다들 놀라서 눈이 동그랗게 되었는데, 은천이가,

"동구에 가면 덤불에 진짜 신랑이 기절해 있으니 빨리 구해 주세요."

라는 거야. 거기에 가 보니까 진짜로 덤불에 신랑이 기절해 있어. 신랑 얘기를 들어 보니, 말을 타고 오다가 잠시 쉬었는데, 갑자기 고약한 냄새가 나고 바람이 횡하니 불더니 그만 기절해서 아무것도 기억이 나질 않는다는 거야. 여우에게 홀린 거지. 하여튼 은천이 덕분에 그 집은 신랑을 찾아다가 혼인을 잘 치렀다고 해.

✂ 강감찬의 무술 수련

옛날부터 전해 오는 이야기에 따르면, 강은천이 열 살 때 아버지가 돌아가셨단다. 그제야 강은천은 아버지가 타시던 말을 타고 말달리

기, 칼 쓰기, 활쏘기를 연습하기 시작했지만, 혼자 하니까 아무래도 늘지를 않았어.

한번은 활쏘기 연습을 하는데, 웬 조그마한 꼬마 아이가 바위 위에 앉아서 구경하다가 혀를 끌끌 차면서 강은천을 놀렸어.

"활 좀 쏠 줄 아나?"

강은천이 화가 나서,

"가만 안 둘 테다."

라며 그 아이에게 화살을 쐈어. 그러자 그 아이는 도망가기는커녕,

"어디 쏠 테면 쏴 봐."

라며 입을 딱 벌리고 섰네. 강은천이 화살을 탁 쐈더니, 그 아이가 그 화살을 입으로 턱 무는 거야. 강은천이 깜짝 놀라고 있는데, 그 아이가,

"이번엔 내 화살을 받아라."

하더니 화살을 입으로 툭 뱉는 거야. 그 화살이 강은천 쪽으로 슈욱 하고 날아오더니 강은천이 타고 있던 말의 정수리에 맞아서 말이 그만 죽어 버렸지 뭐야. '아버지가 타시던 말을 죽이다니!' 강은천이 화가 머리끝까지 나서 칼을 휘두르며 아이를 쫓아갔어. 하지만 닿을락 말락 닿을락 말락 어찌나 잽싼지, 해가 기울 때까지 쫓아가게 되었지.

그러다가 어느 바닷가에 닿았어. 그런데 아이가 갑자기 어디론가 사라져 버렸어. 강은천이 정신을 차리고 주위를 둘러보니, 그곳은 마치 신선이 살 것만 같은데 한쪽에 조그마한 집이 하나 있고 갖가지 꽃들이 피어 있는 거야. 그 집 마당을 서성거리는데, 웬 노인이 나오더니,

"누구를 찾아왔는고?"

하는 거야. 강은천이 자초지종을 이야기했어.

"그 아이를 좀 만나려고요."

"그 아이는 못 만난다."

"왜 못 만납니까?"

"너를 이리로 데려오려고 내가 그 아이를 보낸 거야."

"저를 데려다가 뭘 하려고요?"

"너를 좀 가르쳐야겠다."

"선생님은 누구십니까?"

"나는 최치원이다. 여기서 공부를 하고 가도록 해라."

그래서 거기서 글 배우고 무술 배우고 천지조화를 다 배웠어.

"이제 떠나거라. 그런데, 네 말이 죽어서 원통했지?"

"예."

"네 말은 내가 잘 기르고 있었다. 저게 네 말이다."

그러더니 뜰에 있는 개를 가리키더래.

"저걸 타고 어서 돌아가거라."

최치원이 뭐라고 주문을 외니 그 개가 말로 변하는 거야. 그래서 선생님께 하직하고 그 말을 타고 돌아왔지.

✐ 꼬마 사또 강감찬

강감찬은 키가 무척 작았대. 전하는 이야기에 따르면, 강감찬은 나이 열넷에 강릉 사또가 되었어. 아전들은 아침마다 사또에게 문안 인사를 드려야 하는데, 조그마한 소년 사또니까 만만하게 보고 갈수록 인사를 소홀히 하더래.

"조그마한 사또 정도는 내 소매에 넣고 맘대로 할 수 있지."

아전들이 모여서 이런 말을 하는데, 어쩌다 강감찬이 이 말을 들었어.

'혼꾸멍을 내줘야겠다.'

이렇게 결심한 강감찬은 아전들에게 수숫대를 꺾어 오라고 시켰어. 아전들이 툴툴대며 수숫대를 가져오니,

"그 수숫대 열 대를 부러지지 않게 하면서 오른팔 소매로 넣어서 왼팔 소매로 빼내 보아라."

라고 명령했어. 아전들이 아무리 낑낑대도 그게 제대로 될 리가 있나?

"그 수숫대는 몇 해나 자란 것인고?"

"한 해 자랐지요."

"한 해 자란 수숫대도 맘대로 못 하면서 열네 살이나 자란 원님을 소매 속에다 넣고 주무르겠다고?"

강감찬의 호통에 아전들은 정신이 번쩍 들었어.

'나이는 어려도 우리 사또가 여간내기가 아니구나.'

그 뒤로 아전들은 고분고분해져서 열심히 일했다더군.

⚔ 모기, 개구리, 참새 떼, 호랑이를 물리친 강감찬

이것도 역사책에는 나오지 않는 이야기야. 강감찬이 강원도 강릉 부사로 부임해 와서 가만히 둘러보니 밤마다 사람들이 여기저기 모닥불을 놓아서 연기가 자욱하단 말이야. 매워서 눈조차 뜰 수가 없을 지경이야. 왜 그런지 물어보니, 모기가 하도 많아서 그렇다는 거야. 그 말을 듣더니 강감찬이 부적을 써서 공중에 휙 던졌어. 그랬더니 모기가 싹 없어지더래.

또 저녁만 되면 강릉 시내에 개구리가 너무 시끄럽게 우는 바람에 백성들이 잠을 잘 수가 없을 지경이야. 강감찬이 또 부적을 하나 써서 논에다 휙 던졌더니 개구리 입이 틀어막혀 버리더라나. 강릉부 안의 개구리만 울지 못하게 되었다는군.

가을이 되니 참새 떼가 어찌나 많은지 참새를 쫓느라 가을걷이도 할 수 없을 지경이야. 강감찬이 또 부적을 하나 써서 들판에 휙 던졌더니 참새가 하늘에서 우수수 떨어져.

"참새 다리를 삼줄로 묶어서 한쪽에 쌓아 두어라."

참새가 사라지니 사람들은 안심하고 넉넉한 가을걷이를 마쳤지.

"이제 가을걷이가 다 끝났으면, 그 삼줄을 풀라."

사람들이 참새 다리를 묶은 줄을 풀자마자 참새들이 훨훨 날아가. 참새들이 벌레를 잡아먹지 않으면 벌레 때문에 다니지도 못할 것 아냐? 참새들은 살려 줘야지.

하루는 강감찬 사또가 아전들에게 들어 보니, 밤재라는 고개에 범이
나와서 사람을 해친다는 거야. 범이 사람으로 둔갑을 해서 지나가는
사람들에게 장기 내기를 걸어서 지면 잡아먹는단 말이야. '이 범을 내
가 잡아야겠다.' 강감찬은 아전들에게 명했어.

"인절미를 말려 오라."

딱딱하게 말린 인절미를 가져오자 강감찬이 아전들에게 또 명했어.

"냇가에 가서 그만한 하얀 차돌을 골라오너라."

아전들이 차돌을 한 무더기 가져왔어.

"전대에다 한쪽엔 말린 인절미를 넣고 그 맞은편엔 차돌을 넣어오
너라."

그 전대를 차고 강감찬이 직접 밤재로 갔어. 아니나 다를까 웬 스님
이 하나 앉아 있더래. '아하 범이 스님으로 둔갑을 했구나.' 강감찬 눈
에는 다 보여. 탈바꿈해도 소용없어.

"샌님 장기 한판 두고 갑시다."

듣던 대로 장기 내기를 걸어와. 그래서 한참 장기를 두다가, "시장하
구나." 하고 강감찬은 전대를 끌러서 인절미 하나를 입에서 넣더니 와
삭와삭 씹어 먹었지.

"스님은 잡술 게 있소?"

"아무것도 없습니다."

"이거라도 잡수시오."

하며 전대를 내밀었어. 범이 전대에서 하얀 걸 꺼내서 우적하고 씹

었어. 앞니가 우두둑하고 부러져 나갔지. 범이 또 한 입 우적하고 씹었어. 어금니가 우두둑하고 빠져 버렸지. 범이 차돌을 씹은 거야.

"스님께서는 치아가 무척 약한가 봅니다?"

범은 배가 고프고 이빨도 아팠지만 참을 수밖에 없었지.

그렇게 계속 장기를 두다가, 범이 '옳다구나' 하더니,

"석 달 열흘 굶은 범이 오늘 밥 한술 뜨는구나. 장군!"

하면서 쩌렁쩌렁하게 장군을 부른단 말이야. 하지만 강감찬은 꿈쩍 않고 이리저리 궁리하더니,

"문곡성이 내려온 강감찬이 오늘 호피 한 장 얻는구나. 멍군!"

하고 냅다 소리를 질렀어. 외통수야. 그제야 범은 자기가 장기를 두는 상대가 누군지 알았어. 귀신도 부린다는 강감찬과 장기를 두고 있다니! 펑하고 범으로 변하더니 꽁지가 빠지게 달아났지.

"네 먹을 것은 저 아래 염전에 있으니 그리로 가 보거라."

도망가는 범에게 강감찬이 일러 줬어.

그렇게 달아나던 범은 가다 보니 배가 너무 고프단 말이야. 며칠을 굶었으니 얼마나 배가 고팠겠어.

"그래, 염전으로나 가 보자."

범이 다시 스님으로 변해서 염전으로 갔더니, 염부가 장작불에 가마솥을 얹고 바닷물을 퍼다가 끓여서 소금을 만들고 있어. 범이 염부에게 물었지.

"흰 쌀밥을 짓고 있소?"

"네. 뜸이 들 때까지 좀 기다리세요."

범은 장작불 앞에 쪼그리고 앉아서 밥이 다 되기를 기다렸어. 그런데 따뜻한 장작불 앞이라 졸음이 막 쏟아져. 꾸벅꾸벅 졸다가 쩍 하고 하품을 하는 찰나, 염부가 펄펄 끓는 가마솥을 범의 아가리에 쏟아부었지. 뜨거워 견딜 수가 있나? 그렇게 해서 범을 잡았단다. 그게 다 강감찬이 염부에게 미리 일러 줘서 그랬다더군. 그 뒤로 사람들은 밤재를 마음 놓고 지나다니게 되었다지.

아무리 몇백 년 묵은 범이 둔갑한들 강감찬한테는 못 당하지. 강감찬은 척 보면 다 알아. 왜냐고? 문곡성이 내려왔다며? 여우가 낳았다며?

✂️ 뱀 신랑을 물리친 강감찬

강감찬이 열다섯 살이 되었을 무렵, 아름다운 규수를 아내로 맞아 맏사위가 되었어. 그러나 맏사위가 키도 작고 얼굴도 얽었으니 장인과 장모의 마음에 썩 들지는 않았던 모양이야.

'첫째 사위는 못생겼으니, 둘째 사위라도 꽃미남을 얻어야지.'

장인 장모는 이렇게 마음을 먹고 둘째 사윗감을 물색했어. 드디어 꽃미남 사윗감을 구했지. 혼례를 서둘렀어. 강감찬이 그 이야기를 듣고 초롓날 처가로 찾아갔어. 두 사위가 나란히 앉아 있는데 하나는 추남이고 하나는 미남이야. 장인 장모는 강감찬이 더 미워 보이는 거야. 강감찬은 이에 아랑곳하지 않고 새신랑 곁에 더욱 바짝 붙어 앉는 거

라. 그런데 새신랑이 좀 이상해. 자꾸 진땀을 흘리고 안절부절 어쩔 줄 모르더니 급기야 커다란 뱀으로 둔갑했어. 이때 강감찬이 재빨리 칼을 꺼내 뱀을 쳐 죽였지. 하마터면 큰일 날 뻔한 거지?

✂ 벼락을 꺾은 강감찬

하늘에서 땅으로 떨어지는 벼락은 원래 세 가지가 있었단다. 게으르거나 거짓말하는 놈을 때리는 벼락, 부모에게 불효한 놈들 때리는 벼락, 남에게 나쁜 짓을 저지르는 놈을 때리는 벼락이 있었다는군. 그런데 착하게 사는 사람이 워낙 드물어서 벼락 맞아 죽는 사람이 너무 많아. 강감찬이 가만히 보니까, 이거 그냥 놔뒀다간 사람이 반도 남아나지 않겠거든. 그래서 벼락을 꺾어 버리기로 했어.

사람이 죄를 지으면 벼락에 맞는다지? 해서 강감찬은 동네 우물가에 가서 일부러 똥을 누었어. 그러자 영락없이 벼락이 내리치더래. 이때로구나. 강감찬이 그 벼락을 붙잡아 꺾어 버렸어.

강감찬은 이번에는 서낭당으로 갔어. 서낭당 금줄 안은 아무나 들어갈 수 없어. 강감찬이 일부러 금줄 안으로 들어가서 또 똥을 누었어. 이번에도 영락없이 벼락이 내리치더래. 강감찬이 얼른 붙잡아서 꺾어 버렸지.

나머지 벼락은 공중을 홰홰 돌다가 도로 올라가 버렸다지 뭐야. 그래서 여전히 나쁜 짓을 하면 벼락이 혼내 주려고 기다리고 있다더라고.

♎ 가뭄을 물리친 강감찬

이건 충청도 논산의 노성 고을에 전해 오는 이야기야. 강감찬이 한때 이 고을 현감을 했었다네. 노성 현감으로 부임한 지 얼마 지나지 않아 나라에 아주 심한 가뭄이 들었어. 이웃 고을 현감들은 하늘에 기우제를 지낸다고들 야단이었어. 하늘에 제사를 지내면서 비가 오게 해 달라고 기도하는 거야. 그런데 강감찬 현감은 기우제 지낼 생각은 없이 태평스럽기만 해. 노성 고을 사람들은 속이 탔지.

"사또, 우리는 기우제 안 지낼 건가요?"

그러자 강감찬이 무심하게 대답했어.

"거기 기우제 지낸 고을에 비가 왔다던가?"

그런 소식은 없거든. 기우제를 지낸다고 비가 오고 지내지 않는다고 비가 오지 않는 게 아냐.

며칠 뒤 강감찬 현감이 아전에게 쪽지 하나를 주면서 말했어.

"저기 저 시냇가에 가면 하얀 노인 하나가 낚시질을 하고 있을 테니, 이 부적을 그 앞에 쫙 펴 놓은 다음, 뒤돌아볼 것 없이 있는 힘껏 빨리 돌아오너라."

아전이 강감찬이 시키는 대로 하고는 있는 힘껏 내달려 돌아왔는데, 동헌에 도착하기도 전에 먹구름이 끼고 천둥 번개가 치면서 비가 오더래. 그래서 노성 고을 사람들은 그해 모를 심을 수 있었어. 백성들이 살았지. 그 노인은 사실 산신령이었단다. 그걸 알아본 것도 강감찬이 문곡성이 땅으로 내려온 거라서 그렇다는군.

✂ 한양의 호랑이 떼를 쫓아낸 강감찬

지금의 서울은 조선의 도읍이었어. 그때는 한양이라고 불렀지. 그렇지만 강감찬 장군이 살던 고려의 도읍은 개경이었고, 한양은 풀과 나무가 우거진 시골이어서 심지어 범도 많이 나타났었단다. 강감찬이 개경에서 벼슬을 살고 있는데, 한양 고을에 범이 출몰해서 사람을 해치니, 밤에는 문들 굳게 걸어 잠그고 밤길을 나다니지 않았고, 낮에도 마음 놓고 농사를 짓지 못했어. 민심이 흉흉해졌다는 거야. 임금님은 고민이 많았지. 어느 날 강감찬이 "범을 소탕하라고 하시면 한 마리도 남기지 않고 소탕하겠습니다."라고 아뢰니 임금님이 뛸 듯이 기뻐하며 범을 잡으라 명하셨단다. 강감찬이 누구야? 범을 타고 다닌다는 거 아냐?

강감찬은 한양으로 판관이 되어 내려갔어. 밤에 힘센 군졸에게 편지 한 통을 주면서, "이 편지를 가지고 백악산 위로 올라가거라. 거기에 틀림없이 늙은 스님 하나가 있을 거야. 이 편지를 전하고 그를 데려오도록 하라."

군졸은 두려움을 무릅쓰고 백악산 위로 올라갔어. 그랬더니 과연 늙은 스님 하나가 바위 위에 앉아 있더란다.

"판관 나리가 오라신다."

아전이 강감찬이 써 준 편지를 보이자 그 스님은 끽소리도 못 하고 붙잡혀 왔어. 강감찬이 엄하게 호통을 쳤어.

"네가 비록 짐승이기는 하나 영물일진대, 어찌하여 이처럼 사람을 해치느냐. 너희들을 모두 죽여야 마땅하나 딱 한 번만 용서하겠다. 너의 무리를 다 데리고 저 북쪽 사람이 없는 곳으로 가거라!"

라고 말했어. 그러자 펑 소리가 나면서 스님이 으르렁대는 큰 범으로 변하는 거라. 이튿날 늙은 범이 수십 마리 범들을 이끌고 북쪽으로 사라지더래. 그 후 한양에는 범을 볼 수 없었을 뿐만 아니라 저 북쪽 백두산 어름에나 가야 범을 볼 수 있게 되었다는군.

✂ 외적을 무찌른 강감찬

이 이야기는 역사책에도 간단하게 적혀 있기는 하지만, 사람들의 입에서 입으로 전해 온 이야기야. 백성들을 위해 이런저런 일을 하다가 나이 일흔에 강감찬은 변방을 지키는 사령관이 되었어. 그때 외적이 침입해 왔어. 그러다가 외적이 고려의 임금이 계신 왕궁을 에워싸게 되었지. 임금님과 문무백관들이 이제 항복해야 하나 어쩌나 우왕좌왕하고 있는데, 강감찬이 임금님에게 급하게 편지를 보내왔단다.

"한 스무날만 참으시면 적군이 물러갈 것입니다."

임금이 그 편지를 보고 나서 용기를 얻어 한 스무날을 버렸어. 그러니까 외적이 군량미가 떨어져서 자기 나라로 후퇴를 하는 거야.

그동안 강감찬은 적군이 도망갈 길목에는 군사들을 숨겨 두고 강물에는 굵은 줄로 쇠가죽을 꿰어서 둑을 만들어 놓았어. 적군이 퇴각하다가 마침내 그 강을 건너게 되었지. 적군이 강을 절반쯤 건널 무렵, 갑자기 둑을 텄어. 적병이 물에 떠내려가 살려 달라고 아우성이야. 또 강을 건너지 못한 적군들은 고려군이 들이닥쳐서 살아남지 못했어.

그 일부 이미 강을 건너간 적군이 복수할 준비를 해서 또 강을 건너왔어. 그런데 이번엔 적군 속에 술수를 부리는 장수가 있었단 말이야. 그 장수가 술수로 광풍을 일으켜서 모래와 자갈을 고려군 쪽으로 날려 오니 고려 군사들이 눈을 뜰 수가 있나. 고려군이 뒤돌아서 바람을 피하는 사이에 적병들이 다 강을 건너왔어.

그때 강감찬이 손을 내저으면서 뭐라고 주문을 외니까, 바람의 방향이 갑자기 바뀌더니 적군을 향해 불기 시작하는 거야. 자갈하고 돌이 적군 쪽으로 날아가. 그 기세를 타고 고려군이 불같이 공격하니 적병들은 다 죽고 겨우 몇 명만 살아 돌아갔다는군. 그래서 강감찬이 나라를 구하고 평화를 되찾았다는 이야기야.

☌ 송나라 사신에게 문곡성이란 사실을 들킨 강감찬

강감찬 장군이 개경의 왕궁에서 벼슬살이할 때야. 마침 송나라에서 사신이 왔어. 벼슬아치들이 송나라 사신을 맞이하러 조정에 모였지. 강감찬은 벼슬이 높았지만 뒷줄에 서고, 앞줄에는 인물도 훤하고 풍채도 좋지만 지체가 낮은 벼슬아치가 앞줄에 서게 되었어.

송나라 사신이 국왕을 배알하러 조정으로 걸어오다가 앞줄에 선 벼슬아치를 보더니,

"그대는 비록 풍채는 좋지만 귓바퀴가 부실하니 아마 낮은 벼슬아치일 것이오."

라고 하고, 풍채도 별로고 뒷줄에 서 있던 강감찬을 보더니 두 팔을 벌리고 엎드려 절하며,

"요즘 하늘에 문곡성이 사라졌더니, 여기 고려국에 계셨군요!"

이러는 거야. 문곡성은 북두칠성의 한 별인데, 세상의 온갖 문장의 힘이 뭉쳐 있는 별이라고들 해. 송나라 사신이 보는 눈이 있었던 거야.

하지만 별이 내려온 사람이라니! 소문이 나고 사람들의 이목을 끌어 좋을 게 없겠지? 강감찬은 그래서 개경의 변두리로 이사해서 검소하게 살았대. 개경에는 비슬산이 있는데, 거기에 불은사란 절이 있었어. 그 절의 서쪽에 작은 동네가 있는데, 그 마을을 '별 들어온 동네'라고 불렀단다. 조선 시대까지만 해도 거기에 강감찬 시중의 옛집이 있었다고 해.

《고려사절요》를 쓴 역사가가 강감찬 장군에 대해 다음과 같이 평가했다.

"두텁도다! 하늘이 우리 백성을 사랑하심이여. 나라에 장차 재앙이 닥쳐오려 하면 반드시 이름난 현자를 내시어 이를 대비하

시도다! 기유년과 경술년에 역적이 반란을 꾸미고 강한 적이 쳐들어오니, 내홍과 외란으로 나라의 운명이 위태로워졌다. 그때 만일 강감찬 공이 계시지 않았더라면 장차 나라의 운명이 어찌 되었을까? 공께서는 조정에 들어와서는 계책을 내시고 조정 밖으로 나가서는 정벌을 맡으시어, 재앙과 변란을 평정하고 삼한을 회복하심으로써 종사와 생민이 영원토록 의지하는 바가 되셨다. 이는 하늘이 사람을 낳아 우리 백성에게 닥친 재앙을 대비하심이 아니라면, 그 누가 이처럼 할 수 있었겠는가! 아, 성대하도다."

설화에 따르면, 강감찬은 하늘에서 떨어진 별의 화신이고 여우의 아들이었으므로 자연과 감응하고 소통할 수 있는 신령스러운 인물이었다. 학문을 담당한 별이 여우의 몸으로 태어나 백성의 억울함을 풀어주고 나라를 멸망으로부터 구하여 백성들이 평화롭게 번영할 수 있게 하였다. 여우의 아들, 별의 화신이란 것은 백성들이 강감찬 장군을 무한 신뢰하고 존경한다는 이야기이다.

2.6 무곡성 이순신 장군

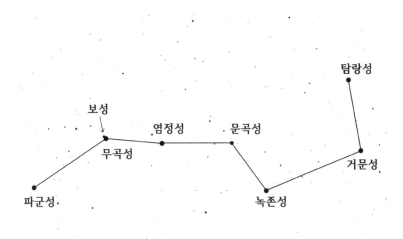

　지금으로부터 약 사백 년 전인 1592년 양력 5월 23일, 도요토미 히데요시의 명령을 받은 20만 명의 일본군이 '명나라에 쳐들어갈 길을 빌린다'는 명분으로 조선을 침공하였다. 당시 일본은 백 년 동안의 내란이 끝난 직후였기 때문에 전쟁 준비가 매우 잘되어 있었다. 더군다나 유럽에서 들어온 조총 기술을 갖고 있었다. 이에 비해 조선은 상당히 오래 외적의 침략을 받지 않고 평화롭게 살아왔기 때문에 국방에 소홀한 상황이었다. 그래서 처음에는 여러 전투에서 속수무책으로 일본군에게 패하여 수많은 조선군 병사들이 전사하였고, 겨우 20일 만에 도읍이었던 한양이 일본군에게 함락될 지경이었다.

그러나 우리에게는 이순신 장군이 있었다. 이순신 장군은 임진왜란 한 해 전인 1591년 음력 2월 13일에 일본군의 침략에 대비하라는 명을 받고 전라 좌수사에 제수되었다. 이순신 장군이 쓴 《난중일기》를 보면, 일본군이 부산을 침공하던 무렵 절묘한 시간에 이순신 장군도 전투 준비를 마쳤음을 알 수 있다.

> **5월 8일:** 일찍 아침밥을 먹은 뒤 배를 타고 소포(여수시 종화동 종포)에 이르러 쇠사슬을 가로질러 매는 것을 감독하고, 종일 나무 기둥 세우는 것을 지켜보았다. 거북선에서 대포 쏘는 것도 시험했다.
>
> **5월 22일:** 식사를 한 뒤에 배를 타고 거북선에서 지자포와 현자포를 쏘았다.

'5월 23일에 일본군이 350척의 함선을 끌고 부산진을 침공했다.'라는 첩보를 받은 이순신 장군은 6월 16일에 전라 좌도의 수군을 이끌고 경상 우도의 수군과 합세하여 거제도의 옥포에서 처음으로 일본 수군을 무찔렀다. 이것을 시작으로 그 후 조선 수군은 연전연승을 거두었다. 특히 8월 14일에는 한산도 견내량 바다에서 일본 수군을 크게 무찔렀다. 이것이 한산도대첩이다. 겁을 먹은 도요토미 히데요시는 일본 수군에게 조선 수군과는 맞서 싸우지 말라고 전투 금지령을 내렸다.

조선의 육군도 점차 전력을 정비하였을 뿐만 아니라, 전국 각지의 백성들이 의병을 일으켜 일본군을 공격하기 시작하였다. 마침 명나라에서도 지원군을 파병하였다. 조선군과 백성들은 똘똘 뭉쳐서 일본군과 싸운 결과, 1592년 11월 13일에 진주대첩을 거두었고, 1593년 3월 14일에는 행주대첩을 거두었다. 전세가 불리해지자 일본군은 남해안으로 퇴각하여 성을 쌓고 버티기 시작하였다.

명나라와 일본은 전쟁을 끝내기 위해 기나긴 협상을 벌이기도 하였으나, 1597년 9월에 협상이 최종 결렬되어 일본군이 조선을 다시금 본격적으로 침공하였다. 이것이 정유재란이다.

그 사이에 이순신 장군은 한산도에 삼도수군통제영을 설치하고 일본 수군이 서해 바다로 나오지 못하도록 막고 있었다. 이순신 장군은, 지형이 불리하고 너무 많은 적이 포진하고 있었기 때문에 부산의 일본군을 공격하지 않고 있었다. 일본군은 이것을 이용하여 조선 조정에 거짓 정보를 흘려서 이순신 장군을 모함하였다. 조선 조정은 일본군의 이간질에 속아서, 부산을 공격하지 않는다는 구실로 이순신 장군을 삼도수군통제사에서 해임하고 말았다. 또한, 새로 통제사에 임명된 원균에게는 부산을 공격하라는 명령을 내렸다. 그래서 원균은 무모하게 부산의 일본군을 공격할 수밖에 없었는데, 조선 수군은 이 전투에서 패하여 퇴각하다가 거제도의 칠천량에서 일본 수군에게 거의 전멸당하였다. 일본 수군은 그 승세를 타고 전라도 서남해를 돌아 한양까지 단숨에 진격하려 하였다.

그때 이순신 장군은 간신히 목숨을 건져 남해안에서 백의종군을 하고 있었다. 장군이나 병사의 신분이 아닌 흰옷을 입은 백성의 신분으로 군대에서 복무하고 있었던 것이다. 조선 조정은 이순신 장군을 다시 삼도수군통제사에 임명할 수밖에 없었다. 그러나 남은 전함은 겨우 열두 척뿐이었다. 이순신 장군은 그 전함들을 이끌고 전라도 진도의 울돌목에 진을 쳤다. 300척이 넘는 일본 수군의 함선이 몰려왔으나 기적적으로 이를 물리쳤다. 1597년 9월 16일에 벌어진 이 역사적인 승리를 우리는 명량대첩이라고 한다.

1598년 9월에 정복자의 야욕으로 무모하게 전쟁을 일으킨 도요토미 히데요시가 죽었다. 남해안에서 버티고 있던 일본군은 조선 땅에서 철수하려고 하였다. 그러나 이순신 장군은 조선의 강토를 짓밟고 무고한 조선 백성을 유린한 일본군을 그대로 놓아 보낼 수 없었다. 그러기에는 조선 백성의 원한이 너무 깊었다. 이순신 장군은 명나라에서 파병되어 온 진린 장군까지 설득하여 경상도 남해의 노량에서 일본군과 최후의 결전을 치렀다. 이 전투에서 조선 수군은 일본 수군을 크게 무찔렀지만 안타깝게도 이순신 장군은 적의 총탄을 맞고 돌아가셨다.

그때의 사정이 서애 류성룡 선생의 《징비록》이나 백호 윤휴 선생의 글에 나와 있다. 노량해전을 앞두고 이순신 장군은 명나라 장군들과 함께 함선을 둘러보고 침략군을 완전히 멸할 것을 서로 다짐하였다. 그날 자정 무렵 이순신 장군은 함선 위에서 향을 사르고 기도하였다.

"하늘이시여. 저 도적을 빨리 섬멸하게 해 주십시오. 도적이 물러가는 날, 신이 죽음으로써 나라에 보답하겠습니다."

라고 기도하였는데, 그때 갑자기 큰 별이 바다로 떨어졌으므로 그것을 본 사람들이 뭔가 나쁜 예감을 받았다고 한다.

훗날 정조 임금은 이순신 장군의 일대기를 적은 신도비의 비문을 직접 지었다. 이순신 장군을 매우 존경하였기 때문이었다. 그 글을 보면, 노량해전 직전에 떨어졌던 큰 별이 '하괴성'이었다고 한다. 하괴성은 '장수의 직성'이다. 점성술에서는 북두칠성의 국자 부분을 뜻한다고도 하고, 국자 부분의 첫째별이나 둘째별을 말한다고도 하는 등 분명하지 않다. 강감찬 장군이 본디 문신이었으니까 문곡성의 화신이라고 한다면, 이순신 장군은 무신이었으니까 무곡성의 화신으로 생각하면 알맞지 않을까?

이순신 장군이 돌아가시자 나라에서는 장군의 업적을 기려서 '충무'라는 시호를 올렸다. 그래서 우리는 이순신 장군을 충무공이라고 부르는 것이다. 이순신 장군의 일대기를 자세하게 다룬 전기는 이미 읽어 보셨을 것이니, 여기서는 장군에 관해 사람들이 입에서 입으로 전해 온 설화들을 소개할까 한다.

✐ 이심이의 화신 이순신 장군

역사책에는 나오지 않지만, 이순신 장군의 탄생에 관해 사람들이 입에서 입으로 전해 온 이야기가 있단다.

어느 섣달그믐날이었어. 날이 저물어 이순신 장군의 아버지가 어느

절에 들어가게 되었지. 그 절은 개미 한 마리 없는 듯 조용한데, 상좌
승 하나만 목 놓아 울고 있었어. 왜 우느냐고 물으니,

"섣달그믐마다 천둥소리가 나면서 뭔가가 나타나 사람을 하나씩 물
어 갔습니다. 올해는 제 차례예요."

이순신 아버지가 잠시 생각하더니,

"내가 시키는 대로 하면 살아날 방법이 있을 걸세. 먼저 장에 가서
비상 석 냥을 사 오게."

비상은 먹으면 죽는 독약이야. 상좌승은 시키는 대로 비상을 사 왔
어. 이순신 아버지가 그걸 물에 개어 두루마기에 발랐지. 그런 다음 명
주실 끝을 두루마기에 달았고, 그 옷을 상좌승에게 입힌 다음, 밤새 촛
불을 켜놓고 지키고 있었단다.

한밤중이 되니까 갑자기 안개가 피어오르면서 공중에서 뭔가 날아
오는 소리가 나더니 그 상좌승을 물고 어디론가 가 버리는 거야! 이튿
날 명주실을 따라 한 십 리쯤 가니까 어느 강가에서 실이 멈추거든.

'이 강에 사는 뭔가가 사람들을 잡아먹었구나!'

이순신 아버지가 강가에서 잠시 기다리고 있으니, 이심이[4] 한 마리

---

4) 이심이는 원래 아주 작은 물고기인데 다른 큰 물고기에게 먹히고 치이다가 멸종할
지경이 되었다. 참다못해 큰 물고기와 맞서 싸웠고 싸워서 이길 때마다 몸에 아주
억센 쇠 비늘이 하나씩 났다. 나중에는 온몸이 쇠 비늘로 덮이고 대가리는 옥돌처
럼 단단해지고 눈은 만 리를 꿰뚫어 볼 수 있게 되었다. 이것을 이심이라고 한다.
사람이 이심이를 얻으면 천하를 얻을 수 있다고 한다. 그러나 지혜로운 사람에게
는 이심이의 머리만 보이고, 용감한 이에게는 가슴만 보이고, 마음이 착한 이에게

가 강물 밖으로 툭 나오는 거야. '오호라, 이심이였구나.' 그때 이심이가 캭 하고 상좌승을 토해 놓더니만 마구 몸부림치다 죽거든. 얼마나 큰지 동네 사람들을 죄다 불러서 함께 불태워 버렸어. 마지막 불씨가 사그라질 찰나, 거기서 노란 나비 세 마리가 나오는 거야. 사람들이 그 나비를 잡으려고 해도 잡히지 않더니 어디론가 훨훨 날아가 버렸지.

이순신 아버지는 집으로 돌아왔어. 그런데 열 달 뒤에 아이가 태어났다는군. 그 아기와 눈을 맞추려고 했더니 아기 눈매가 어찌나 사납던지 눈을 마주칠 수가 없을 정도였어. 이순신 아버지는 '얘를 살려 두면 세상에 큰 해를 끼치겠다.' 이렇게 생각하고 그 아이를 죽여 버렸어. 그다음에 또 아이를 낳았는데, 첫째보다는 덜하지마는 그래도 너무 무서워. 그래서 또 그 아이도 죽여 버렸어. 세 번째 아이가 태어났는데 전과는 다르게 눈을 마주칠 만하고, 또 '이미 아이를 둘이나 죽여 버렸으니 셋까지 죽일 수가 있나?' 이런 생각이 들어서 마침내 그 아이를 키우게 되었단다. 나중에 알고 보니, 그 아이들은 노란 나비 세 마리로 변한 이심이가 사람으로 환생한 거였단다. 그 마지막 아이가 가장 선한 이심이였는데, 훗날 이순신 장군이 되었다는군. 믿거나 말거나지만….

는 꼬리만 보인다고 한다. 더군다나 만일 어리석은 사람이 이심이를 보면 눈이 멀고, 겁쟁이가 보면 간이 녹고, 욕심만 많은 사람이 보면 심장이 썩는다고 한다. 그러니까 지혜롭고 용기 있고 착한 사람만이 이심이를 잡을 수 있는 것이다.

역경을 이기고 천하무적의 영물이 된 이심이가 이순신 장군으로 태어났다는 설화다. 지혜롭고 용기 있고 착한 사람만 이심이를 볼 수 있다고 한다. 이렇게 영험한 기운을 받고 태어났으니 나라를 구할 대영웅이 되었을 것 같다.

이순신 장군의 일생을 알아볼 때 가장 기본이 되는 것은, 장군이 돌아가신지 십오 년 뒤에 장군의 조카인 이분이 지은 《행록》이다. 다음은 그 글에 적혀 있는 이순신 장군의 출생담이다.

☌ 이순신 장군의 태몽

충무공 이순신 장군은 1545년 3월 8일(양력 4월 28일) 자시(자정 무렵)에 서울 건천동(서울시 중구 인현동 일대)에서 태어나셨다. 공의 어머니는 초계 변씨였다. 처음에 공을 낳으실 무렵, 어느 날 꿈을 꾸었는데, 돌아가신 시아버지가 현몽하여 옥동자를 안겨 주며 말씀하시기를,
"이 아이는 귀하게 될 것이니 반드시 순신(舜臣)이라고 이름을 지어라."
라고 하셨다. 공의 어머니가 부군에게 고하여 마침내 그렇게 이름을 지었다. 과연 용모가 비범하고 목소리가 우렁찼다. 점쟁이가 예언하기를, "이 아이는 나이 오십이 되면 북방에서 부월을 손에 쥐는 대장이 될 것이다."라고 하였다.

서애 유성룡 선생이 쓴 《징비록》을 보면, 이순신 장군은 어린 시절

부터 잘생기고 의젓했고, 또한 활쏘기, 말타기, 글씨쓰기를 잘했다고 한다. 어린 이순신은 아이들과 나무를 깎아 화살을 만들어서 그것을 가지고 병정놀이를 하다가, 만약 자기 뜻을 거스르는 사람이 있으면 그를 화살로 쏘려고 했다고 한다. 겨우 꼬마들의 병정놀이였지만 워낙 실제 병영처럼 엄하게 통솔해서 어른들도 병정 놀이터 앞을 함부로 지나다니지 못했다고 한다. 이순신 장군은 어려서부터 호연지기가 있었을 뿐만 아니라, 사사로운 이득에 얽매이지 않았기 때문에 남들에게 간섭받거나 얽매이지 않았다고 한다.

이순신은 청년이 되어 과거 공부를 시작했다. 처음에는 글공부를 열심히 해서 문과 과거 시험을 준비했으나, 스무 살 무렵부터는 장군이 되기 위해 무과 과거를 준비하기 시작했다. 역사책에는 나오지 않지만, 이순신 장군이 자기 진로를 바꾼 계기가 있었다는 이야기가 전한다.

✄ 무술 공부를 시작한 이순신

이순신은 나이 열아홉에 금강산에 공부하러 들어갔어. 거기서 한 도사를 만났단다. 그 도사가 이순신에게 말했어.

"자네는 북두칠성의 한 별인 '하괴성'의 정기를 받고 태어났으니 훗날 훌륭한 장수가 될 걸세. 그러니 이제부터 무예를 연마해 보면 어떨까?"

이순신은 그 말을 옳게 여기고 그때부터 무예 공부에 몰두했지. 그 도사는 이순신에게 천지조화를 다 가르쳐 주었고 천군만마를 부리는 병법 책까지 주었다더군.

이순신이 금강산에 가서 도사를 만났는지 어쨌는지는 확인하기 어렵지만, 이순신 장군이 하괴성의 화신이라는 말은 다른 책에도 나온다. 조선을 쳐들어온 일본군을 이 땅에서 몰아낸 최후의 결전인 노량해전 때의 일이다. 그 당시 조선과 명나라의 연합군은 남해안에 웅거하고 있던 일본군들을 소탕하려고 하고 있었고, 조선 침공을 명한 도요토미 히데요시가 죽자 일본군은 조선 땅에서 도망치려고 하고 있었다.

전라도 순천에 웅거하고 있던 고니시 유키나가의 부대가 경상도 남해의 왜군과 서로 호응하여 바다로 나오고, 경상도 곤양과 사천에 있던 왜군도 이들을 구원하기 위해 서쪽으로 나왔습니다. 특히 사천에서 나온 수군은 '사쓰마의 수군'이라는 최정예 수군이라서 웬만한 전투에는 나서지 않고 매우 중요한 전투에만 투입되었습니다. 그런데 그 부대가 노량 바다로 출동했던 것입니다. 그리하여 이순신이 이끄는 조선 수군과 진린이 이끄는 명나라 수군은 양쪽에서 협공해 들어오는 일본 수군을 상대해야 하는 상황이 되었습니다. 조선 수군의 함선은 육십 척 남짓이었고, 명나라 수군의 함선은 삼백 척가량이었습니다. 이에 비해, 왜군의 함선은 오백 척이 넘었습니다.

최후의 결전을 앞둔 그날 한밤중에 이순신 장군이 배 위에 나와서 향을 사르고 큰 소리로 기도하였습니다.

"하늘이시여, 속히 이 적들을 소탕하게 해 주소서. 적을 물리치는 날, 신이 죽음으로써 나라에 보답하겠나이다."

그런데 그때 갑자기 큰 별이 바다 저편으로 떨어졌습니다. 사람들은 그것이 '하괴성'이란 걸 나중에야 알았습니다.

이날 적선 오백여 척을 맞아 밤새도록 싸운 끝에 점차 승기를 잡았습니다. 조선 수군은 슬금슬금 도망치는 적군을 추격하여 경상도 남해도 지경까지 진군하였습니다. 이순신 장군은 날아오는 화살과 총탄을 무릅쓰고 북을 치면서 뱃머리에서 사기를 북돋웠습니다. 그러다가 갑자기 날아온 적의 탄환에 맞았습니다. 장군을 장막 안으로 부축해 모셨는데, 이순신 장군이,

"지금 싸움이 한창 급하니, 내가 죽었단 말을 하지 말라!"

라고 말씀하시고 운명하셨습니다.

이순신 장군의 유언을 따라 휘하 장군들은 장군의 죽음을 밝히지 않고 장군과 외모가 닮았던 장군의 조카 이완이 장군을 대신하여 계속 북을 두드리며 사기를 끌어 올리니 마침내 큰 승리를 거두었습니다. 왜군의 함선 이백여 척을 불사르고 죽인 왜군과 노획한 무기는 이루 헤아릴 수도 없었답니다. 이것이 노량해전입니다.

이때 장군의 연세가 쉰넷이었습니다. 군사들의 통곡 소리가 온 바다를 진동하였습니다. 그 후 전라도와 경상도의 일본군들이 차례로 달아나 온 나라가 말끔해졌습니다. 조정에서는 이순

신 장군의 부음을 듣고 관리를 보내 조문하고 특별히 의정부 우의정을 추증하였습니다. 장군의 영구를 아산으로 운구하는 길마다 백성들이 나와 제를 올리고 상여를 끌면서 부르짖으니 그 행렬이 천 리를 끊이지 않았다고 합니다.

강감찬 장군이 태어날 때처럼 별이 어느 집으로 떨어지면 그 집에 위대한 인물이 태어나기도 하지만, 더 일반적인 이야기는 별이 떨어져서 하늘가로 사라지면 그 별의 정기를 받았던 위대한 인물이 죽는다고 한다.

이순신 장군은 외모가 어떠했을까? 백호 윤휴 선생(1617~1680)은 이순신 장군의 따님을 서모로 모셨으므로 이순신 장군의 식솔들이나 장군을 직접 모시던 분들을 직접 만날 기회가 있었다고 한다. 윤휴 선생이 그들에게 장군의 용모나 성품을 물었더니, 그들이 대답하기를, 이순신 장군은 체구가 크고 수염이 붉었으며, 담이 크고 무척 용맹하셨으며, 부하들과 백성들을 보듬을 줄도 아셨다고 했다.

✂ 통제사 이 충무공께서 남기신 일화(백호전서 제23권)

왜적과 일곱 해를 싸우면서 장군은 군사 업무에만 노심초사하였고 조정에서 받은 상은 모두 부하들에게 나누어 주고 자기 것으로 남겨

둔 것이 없었다. 또한 힘써 백성들을 보듬기도 하셨다. 농사를 장려하여 군량을 저축했고, 물고기 잡고 소금 만드는 일을 크게 일으켜 백성들이 먹고살 길을 마련해 주었다. 덕분에 군량미도 넉넉했고 백성들도 목숨을 부지할 수 있었다.

한산도에 있을 때는 '운주당'이라는 이름의 집무실을 지었다. '운주'란 지혜를 모아 계책을 세운다는 뜻이다. 장군은 그 집무실에 살다시피 하면서 휘하 장군들과 함께 군대의 일을 의논하였다. 아무리 낮은 군졸일지라도 주저 없이 자기 의견을 말하도록 배려하여 소통에 힘썼다. 한밤중까지도 촛불을 밝히고 일어나 업무를 보되, 병이 심해도 그치지 않았다. 좌우에서 쉬시라고 권하면,

"적과 서로 마주하고 있으니 승패가 순간에 결정 난다. 그래서 장수는 아파서 죽을 지경만 아니라면 편히 지내서는 안 된다."

라고 말하였다. 전투를 앞두었을 때는 부하 장군들을 두루 불러서 미리 각자 할 일을 물어 정한 다음에 싸웠기 때문에 싸움에 임해서도 뜻이 잘 통하고 여유가 있었다. 또 전략을 널리 구하고 그중에서 좋은 방도를 선택할 때는 결단력이 있었으므로 사람들이 장군의 명령을 따르는 것을 즐거워하였다.

이순신 장군이 어려서부터 용감하고 통솔력이 있었음을 보여주는 이야기가 사람들의 입에서 입으로 전해 오고 있다.

✂ 소년 이순신과 스승님의 곶감

옛날 이순신이 어렸을 때 한 스승 밑에서 공부를 하는데, 제자 중에 나이가 제일 어렸어. 어렸어도 배짱이 보통내기가 아니었단다.

스승님이 벽장 속에 곶감을 갖다 놓고 하나씩 빼서 먹는 거야. 그러면서 제자들에게,

"이건 너희가 먹으면 죽는 약이다."

라고 으름장을 놓아뒀어.

어느 날 스승님의 친구가 오셨어. 두 분이 반갑게 인사하더니, 둘이 마주 앉아서 각자 칼로 뭘 만들어. 스승님은 거북이 같은 것을 만들었고, 친구분은 잠자리 같은 것을 만들었어. 그러더니 친구가 집에 가겠다니까 스승님이 배웅하면서,

"잠자리 같은 것은 조금 이르지?"

라고 말했어.

그런데 스승님이 친구를 배웅하러 나간 사이, 이순신이 스승님이 깎아 놓은 거북이에다 장난으로 먹칠을 했단다. 다른 제자들이 모두,

"야, 스승님한테 혼나게 생겼다."

라고 하면서 걱정하니까, 이순신이 요강을 방바닥에 내던져서 깨뜨려 버렸어. 바닥에 오줌이 흥건해. 이순신이,

"얘들아, 스승님이 날마다 잡수시는 약을 먹고 차라리 우리 죽어 버리자."

하고는 다락에서 스승님이 숨겨 놓은 약을 꺼내다 함께 먹고는 방 안에 굴비처럼 죽 누워서 눈을 꼭 감고 있었어.

스승이 돌아와 보니 아이들이 하라는 공부는 안 하고 죽 누워 있지, 방바닥은 오줌이 흥건하지, 노발대발했지.

"선생이 들어왔는데 버릇없이 바닥에 누워 있느냐?"

이순신이 벌떡 일어나더니,

"선생님 요강을 깨뜨려서 모두 죽어 버리려고요. 저 약을 먹으면 죽는다고 하셨잖아요?"

스승이 뭐라 할 말이 없어.

'허, 이놈 배짱이 보통내기가 아니로구나. 장군감이네.'

그때부터 손자병법을 오백 번을 읽혔대. 그 뒤로 이순신이 왕대만큼 부쩍부쩍 크더니만 장군이 되었어. 그러자 스승님이 거북선 설계도를 이순신에게 내주었다는군. 그 스승님이 바로 퇴계 선생이라는 이야기가 있어. 믿거나 말거나지만….

실제 역사는 어땠을까? 역사책에 따르면, 이순신 장군은 스물한 살에 방씨 처자에게 장가를 들었다. 그의 장인인 방진은 활 솜씨가 그렇게 좋았다고 한다. 그래서 이순신은 장인에게 활쏘기를 비롯한 무예를 배웠을 것으로 짐작된다.

전해 오는 이야기에 따르면, 이순신 장군의 배필이 된 방씨 처자도 보통이 아니었다고 한다. 역사책에는 나오지 않는 이야기지만 한번 들어 보자.

✂ 슬기로운 방씨 처자

이순신의 장인은 방진이란 분이야. 그가 아산 군수로 와 있을 때였어. 도둑들이 방 군수댁을 털어 볼까 했는데, 방 군수가 어찌나 활 솜씨가 귀신같은지 도저히 가까이 갈 엄두도 나질 않는단 말야. 그래서 큰돈을 주고 그 집 하인을 하나 매수해서 창고에서 화살을 있는 대로 다 빼냈어.

도둑들이 이젠 안심하고 방 군수의 집으로 들이닥쳤단다. 그런데 이게 웬일이야? 방 군수가 자기 방에 있던 화살을 가져다가 대청에 우뚝 서서 담을 넘는 도둑들을 향해 활을 쏘네? 도둑들은 혼비백산해서 멀찍이 도망쳤지.

그런데 금세 화살이 다 떨어졌어. 그 하인을 불러서 곳간에서 화살을 내오라고 했지만, 대답이 있을 리가 있나? 이미 화살을 빼돌리고 도망쳐 버린 것을.

그때 방 군수의 따님이 열두 살인가 되었나? 아버지가 외치는 소리를 듣고 곳간에 가보니 화살이 하나도 없단 말이야. 그제야 하인이 화살을 다 팔아먹고 내뺀 걸 알았지. 방 군수 딸이 잠시 생각을 하더니, 베틀 밑에 들어가서 뱁댕이를 한 아름 끌어안고 나와서 아버지가 계신 대청마루에다 쨍그랑하고 내려놓으면서

"아버지, 화살 여기 있습니다."

라고 크게 외쳤어. 도둑놈들이 그 소리를 듣고, '아이쿠 화살이 더 있나 보다' 싶어서 바로 줄행랑쳤다는군. 이 용감하고 현명한 따님에게 이순신 장군이 장가를 든 거지.

이순신은 스무 살 무렵부터 무술을 공부하여 무과 과거 시험을 준비했다. 용감하고 힘도 좋고 말 타고 활 쏘는 기술도 좋아서 마침내 서른두 살에 무과에 급제하였다.

그 후 두만강에서 여진족을 물리치기도 하고, 업무가 번거로워서 남들은 싫어하는 한양의 훈련원에서 복무하기도 하고, 전라도 정읍의 현감이 되기도 했다가, 임진왜란이 일어나기 직전에 일본군이 쳐들어올 것을 대비해서 전라 좌수사로 발탁되었다. 그리고는 거북선으로 일본군을 무찔렀다. 연전연승을 거두었지만, 무엇보다도 한산도대첩을 거둔 다음, 일본 수군을 막을 수 있는 길목인 한산도에 통제영을 설치하여 일본군의 발을 꼼짝하지 못하게 묶어 놓았다. 그 무렵을 배경으로 한 설화가 하나 있다. 역사책에는 나오지 않고, 사람들이 입에서 입으로 전해 온 이야기이다.

✁ 이순신과 상사뱀

일본군을 어느 정도 무찌르고, 장군은 남쪽 통영 근처로 갔는데, 날이 너무 더워서 강가에서 옷을 다 벗고 목욕을 했단다. 근데 장군이 목욕하는 걸 동네 처자가 빨래를 하다가 본 거야. 장군은 체구도 크고 씩씩하게 생겼거든. 그래서 처자가 보고 한눈에 반했지. 하지만 장군님에게 말을 걸 처지도 아냐. 해서 마침내 상사병이 들고 말았지 뭐야. 사람이 수척해지고 점점 탈진해 가는데 약도 효험이 없어.

그 아버지가 딸에게 어떻게 하면 되냐고 물으니,

"아버지, 이 병은 약으로는 안 됩니다. 이 병은 이순신 장군이 제 곁으로 와서 이야기나 나누면 낫겠죠."

라고 하거든. 해서 처자의 아버지는 장군의 군영에 갔어. 하지만 지키는 병사가 있어서 그냥 담 너머로 폴짝 뛰면서 엿보고 있었단다. 이순신 장군이 가만히 보니까 웬 사람이 담 밖에서 오르락내리락하거든. 불러오라 했어. 사정 이야기를 들은 이순신 장군이 가만히 생각했어.

'사람이 사람을 보고 그럴 수 있지. 그걸 모른 척하면 인정이 아니지. 전쟁에서 백성을 살린다면서 이런 사람도 살리지 못해서야 어찌 장군이라 하겠나?'

그래서,

"오냐, 내가 간다."

라고 하고 그 아버지를 보냈어. 아버지가 딸에게 그 소식을 전하자 상사병 든 처자는 뛸 듯이 좋아했단다. 그래서 청소도 하고 등불도 켜놓고 이순신 장군을 기다렸지만, 어찌 된 영문인지 장군은 오지 않았어. 처자의 병은 더 깊어 갔지.

이튿날 아버지가 장군에게 가 보니까,

"어제저녁에 가려고 했는데 아산서 외삼촌이 오셔서 못 갔소. 오늘 저녁엔 꼭 가겠소."

라는 거야. 그래서 또 기다리는데, 그날 밤에 갑자기 비가 억수로 오는 거야. 그래서 장군이 또 오지 못했어. 처자 아버지가 개울가까지 마중을 나가서 새벽에 간신히 이순신 장군을 모셔 왔지.

후원 별당에 처자가 있다는데, 사람들이 들어가지 못하게 막아. 처자가 원한이 맺혀서 구렁이로 변해 있다는 거야. 장군도 겁이 났지만 물 한 사발을 벌컥벌컥 들이키더니 문을 열고 쑥 들어갔어.

불을 환하게 켜놨는데, 구렁이가 된 처자가 불쌍한 거야. 이순신 장군이,

"내가 늦어서 미안하다."

라며 위로하니, 구렁이가 이순신 장군 허리를 칭칭 감는데, 장군이 배짱이 좋아 눈 하나 깜짝하지 않고,

"오냐, 니 원한 풀리는 대로 감아라."

하는 거라. 해서 뱀이 이리 감았다가 저리 감았다가 한참 감고 나더니,

"내 원한은 다 풀었습니다. 저는 이제 죽습니다. 제가 죽거들랑 장군님 목욕하신 그 물에다 손수 날 넣어 주이소."

이러더란다. 장군이 자기가 목욕한 그 자리에 처녀의 시신을 가져다 놓으니, 퍼드득 꼬리를 치며 한 마리 용이 되더란다. 역사를 보면, 일본군의 배가 많이 뒤집힌 일이 있거든. 그게 다 이 상사뱀이 용으로 변해서 호풍환우하는 조화를 부려서 이순신 장군을 도운 거라는데?

2.7 삼태성

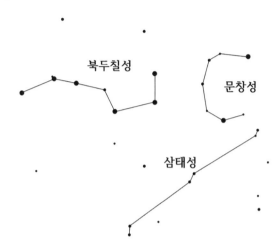

북두칠성의 네모난 국자의 아래를 보면 세 쌍의 별이 종종종 떠 있는 걸 볼 수 있다. 이 별자리가 '삼태성'이다. 봄철 한밤중에 우리 머리 위에 뜨니까 잘 한번 찾아보자.

삼태성은 중국 별자리이며 주로 정승을 상징한다. 그러나 우리나라에서는 '삼신할미별'이다. 당금애기가 세쌍둥이를 낳아 역경을 이겨 내며 잘 키워 내었고, 마침내 삼신할미가 되어 하늘의 별이 되었다는 이야기가 있다. 당금애기의 남편은 북두칠성이 되었고 당금애기가 낳은 세쌍둥이는 세쌍둥이별이 되었다. 이 이야기는 좀 뒤에 겨울철 별자리 이야기를 하면서 들어보도록 하겠다.

중국에서는 삼태성을 정승이라고 보았다. 《삼국지연의》를 보면, 어느 날 제갈량이 천문을 살폈더니 마침 객성이 나타나 삼태성을 침범하고 있었다. 옛날에는 객성이나 혜성은 죽음과 전쟁을 상징한다고 생각했다. 그런 불길한 천체가 정승을 상징하는 삼태성을 침범하고 있었던 것이다. 촉나라의 정승은 바로 제갈량이었으므로, 제갈량은, 이 객성이 자신의 죽음을 미리 알리는 조짐이라고 해석했다.

∝ 제갈량의 죽음을 예언한 삼태성

제갈량은 촉나라 군대를 이끌고 오장원이란 곳에 진을 치고 사마의가 이끄는 위나라 군대와 맞서고 있었다. 그때는 이미 촉나라의 임금인 유비가 죽고 제갈량이 승상으로서 나라의 모든 일을 맡아 보고 있었다.

제갈량은 돌봐야 할 군무가 많았으므로 과로하다가 그만 병이 들고 말았다. 그는 부하의 부축을 받아 밖으로 나가 천문을 살피다가 깜짝 놀랐다. 삼태성 가운데에 객성이 침범했는데, 손님별인 객성은 밝고 주인별인 삼태성은 희미하고 광채가 없었던 것이다. 객성은 혜성과 같이 전에는 보이지 않던 별이 갑자기 새로 나타난 것인데 항상 나쁜 일이 일어날 조짐이었다. 삼태성은 승상을 나타내는 별인데, 그 별이 빛을 잃어 가니 촉나라의 승상인 제갈량 자신이 곧 죽을 조짐이었다.

그는 자신의 생명을 구하기 위해 하늘에 기도를 드리리라 결심하고 강유 장군에게 명령했다.

"그대는 갑옷을 입은 군사 마흔아홉 명에게 검은 옷을 입히고 검은 깃발을 들게 하라. 단, 검은 깃발에는 이십팔수 별자리를 그려 넣어야 하며, 내가 있는 막사를 둘러싸야 한다. 나는 천막 안에 옥등잔 일곱을 켜 놓고 북두칠성께 기도를 올릴 것이다. 만약 칠 일 안에 등불이 꺼진다면 나는 곧 죽을 것이다. 허니 아주 특별한 일이 아니면 천막 안으로 사람이 들어오게 하지 말고, 내가 쓸 물건은 어린아이를 시켜서 들이 도록 하라."

때는 팔월 보름께였다. 그날 밤에는 은하수도 가물거리고 이슬은 소리 없이 내려 방울방울 맑았다. 바람은 잔잔해서 깃발도 펄럭이지 않았고 군중에는 불침번의 딱딱이 소리도 들리지 않았다.

강유는 마흔아홉 군사를 거느리고 제갈량의 막사 둘레를 지켰다. 제갈량은 천막 안에 제물을 차려 놓고 향을 피웠다. 그의 생명을 상징하는 옥등잔 등불을 북두칠성 모양으로 늘어놓고, 바깥에는 마흔아홉 등잔을 빙 둘러 벌여 놓았다. 제갈량은 축문을 낭독한 뒤에 엎드려서 새벽까지 빌었다. 피를 토하면서도 쉬지 않고 군무를 보고 밤에는 북두칠성께 빌기를 멈추지 않았다.

위나라 군대를 이끌던 사마의도 천문을 보고 제갈량의 목숨이 위태로운 줄 알았다. 사마의는 제갈량이 약해진 틈을 타서 군대를 휘몰아 촉나라 군의 진영을 공격하기 시작했다.

엿새가 지났을 때, 제갈량은 자신의 생명을 상징하는 옥등잔의 불빛이 밝고 맑은 것을 보고 무척 기뻐하였다. 그런데 갑자기 바깥이 소란해지더니 위연이란 장군이 천막 안으로 뛰어 들어오면서 위나라 군사가 쳐들어온다고 호들갑을 떨었다. 위연은 평소에도 좀 덜렁대는 성품이었다. 그러다가 그만 제갈량의 생명을 상징하는 옥등잔을 발길로 차서 꺼뜨리고 말았다. 제갈량은 어이없어하며 탄식했다.

"삶과 죽음은 정해진 운명이니 빌어도 소용이 없구나!"

얼마 지나지 않아 제갈량은 병으로 죽었다.

한편 위나라의 사마의는 정탐을 나갔던 하후패에게 이야기를 들었다.

"촉나라 군사들이 후퇴하고 있습니다."

그러자 사마의는 무릎을 치며 말했다.

"과연 제갈량이 죽었구나. 이 틈을 놓치지 말고 얼른 쫓아가서 공격해야 한다."

사마의는 진격을 명하고 몸소 앞에 나서며 촉나라 군대를 추격했다. 그 순간, 도망치던 촉나라 군사들이 피리와 징을 울리며 되돌아왔고, 거기엔 '제갈량'의 이름이 적힌 깃발이 보였다. 사마의가 '제갈량은 분명히 죽었을 텐데? 속임수겠지?' 하고 촉나라 군대를 살펴보니 과연 제갈량이 수레에 앉아서 자신을 바라보고 있는 것이 아닌가! 그걸 보자 사마의는 크게 놀라 소리쳤다.

"너무 서둘렀구나! 얼른 퇴각하라!"

위나라 군사들은 혼비백산해서 퇴각했다. 사마의가 너무 정신없이 도망치자 뒤따라온 하후패가 말했다.

"진정하십시오. 충분히 멀리 왔습니다."

그때 사마의가 자기 목을 매만지며 말했다.

"내 목이 제대로 붙어 있느냐?"

☆ 암행어사 박문수를 도와준 삼태성

옛날 어느 한적한 시골 주막에 하루는 행색이 초라한 선비 한 사람이 들었어. 이래 봬도 이 선비가 바로 암행어사 박문수야. 박문수는 밥상을 한 상 주문하려 했지.

그때 붉은 두루마기에 푸른 명주 바지를 입은 예닐곱쯤 되어 보이는 도령 셋이 들어와서는 밥상을 넷이나 주문해. 세 사람이 밥상을 넷이나 주문하니 박문수는 이상하게 생각했지.

그러더니 도령들이 밥상 한 상을 박문수에게 주는 거야.

'이상한 옷차림에 여럿이 몰려다니고 또 처음 보는 사람에게 밥을 사다니. 수상한 도령들이군.'

박문수 어사는 이렇게 의심했어. 그래서 세 도령들과 함께 다니자고 청했지. 세 도령은 기꺼이 그러자고 해.

세 젊은 도령들과 함께 한참을 걷고 있는데, 어느 마을에 들어서니 한 부자가 새로 집을 짓고 있어. 목수들이 막 대들보를 올리는 찰나야. 도령 가운데 하나가 그것을 보더니,

"그 대들봇감을 다시 땅으로 내리시오."

라고 다짜고짜로 말해.

"웬 녀석인데 힘들게 올려놓은 대들보를 내리라 마라 하느냐?"

목수들과 일꾼들은 화가 났지. 그렇지만 뭔가 불안했던 집주인이 도령의 말을 따라 보라고 해서 다 올라간 대들보를 도로 내렸어.

"기름 한 가마를 끓이시오."

기름이 설설 끓자, 젊은 도령은 대들봇감을 그 가마솥 위에 걸치고 그 가운데를 톱으로 썰라고 해. 집주인은 기가 막혀 혀를 내둘렀지만, 하는 수 없이 도령의 말을 따랐지.

'대들봇감이 망가지면 그냥 두지 않으리라.'

속으로 이렇게들 벼르면서 대들보를 톱으로 썰었지. 그런데 갑자기 그 속에서 커다란 지네가 꿈틀거리며 나오는 거야. 지네는 나오다가 기름 가마솥에 빠졌지. 냉큼 솥뚜껑을 덮자, 솥뚜껑이 들썩이다가 잠시 후 조용해졌어. 지켜보던 모든 사람이 입을 떡 벌리고 아무런 말도 못 했지.

"자, 이제 안심하고 집을 지으시오. 저 대들보 나무가 어렸을 때 터진 틈새로 지네 한 마리가 들어가서 거기서 나무의 양분을 빨아먹으며 수십 년 동안 자라서 저렇게 요물이 되었소."

주인은 고마워 어쩔 줄을 몰랐어. 식구들이 단잠을 자고 있을 때 그 위로 지네 독이 떨어졌다면 어찌 되었겠어? 주인은 기뻐서 박문수와 세 도령을 위해 크게 잔치를 베풀어 주었지.

네 사람은 다시 길을 떠났어. 한참 길을 걸어가다가 잠시 쉴 겸 소나무 밑 너럭바위에 걸터앉았지.

"네 이놈, 박문수야. 네가 우리를 의심하여 여기까지 따라온 것이냐? 우리는 저 하늘의 삼태성이다. 공연히 사람을 의심하지 마라."

세 도령은 갑자기 빛으로 변하여 하늘로 올라가 사라졌어. 박문수는 놀라서 한동안 정신을 차리지 못했지.

문득 정신을 차려 보니 마침 날이 저물어 가고 있었어. 그런데 너무 산속 깊은 곳이라서 불빛 하나 보이지 않아. 박문수는 여기저기 헤매다가 외딴 산속에서 불빛을 보았어. 간신히 찾아가 보니 수숫대로 엮은 초가집이야. 초가집 주인이 나오는데 아리따운 처녀야.

"헛간이라도 좋으니 하룻밤 묵어가게 해 주시오."

"어찌 선비님을 헛간에 재울 수 있겠어요? 방으로 드시죠."

박문수는 고마워하면서 방으로 들었는데, 처녀가 더운밥 지어서 저녁을 한 상 잘 차려 왔어.

"여기 밥을 드시고, 여기서 기다리세요. 전 저 위 시냇가에 좀 다녀올 테니, 다 드신 밥상은 저쪽으로 밀어 놓으시고요."

그리고는 사라지더니 처녀는 한참이 지나도 나타나질 않아. 지루해진 박문수는 산보를 나가기로 했지. 이리저리 다니다가 우연히 폭포소리가 나는 곳으로 가게 됐지. 그런데 달빛이 밝은데 어둠 속에서 첨벙거리는 소리가 들려.

"저건 사람이 물에 빠진 소리인데?"

박문수가 깜짝 놀라 그쪽으로 가 보고 더 깜짝 놀라 자빠졌지. 얼굴은 아까 그 처녀였는데 몸은 사람이 아니라 발이 숭숭 달린 지네야! 박문수는 너무 놀라서 발걸음도 떨어지지 않았어. 그때 인기척을 듣고 지네가 박문수에게 다가왔어.

"도망갈 생각하지 마라. 우리 오라버니의 원수를 갚겠다."

라며 박문수에게 달려드는 거야. 이제 나는 죽었구나. 박문수는 두 눈을 꼭 감았지. 바로 그때 눈부신 빛이 비치더니 아까 그 젊은 도령들이 나타났어. 세 젊은 도령들은 도술을 써서 지네를 물리쳤지. 그리고는 다시 빛으로 변해 눈 깜짝할 사이에 하늘로 올라가. 암행어사 박문수는 너무나 고마워서 하늘에 쌍쌍이 떠 있는 삼태성을 그윽이 바라보았지.

2.8 문창성

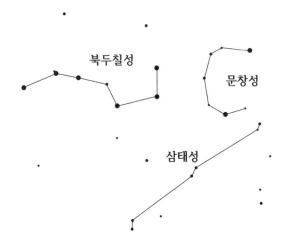

북두칠성의 네모난 국자 부분의 바로 앞, 즉 서쪽을 보면 알파벳의 C 자를 닮은 별자리가 보일 것이다. 이 별자리가 문창성이다. 약간 어둡 기는 해도 글을 잘 쓰는 사람들을 상징하는 별자리이다.

우리 역사 속에서 글을 잘하는 사람들이 많이 있지만, 신라의 최치원 은 문창후라는 작위가 주어졌을 정도로 글을 잘했다. 사람들은 그가 워 낙 글을 잘 지으니 문창성이 땅으로 내려온 것이라고 상상한 것 같다.

최치원은 서기 857년에 태어났다. 그는 열두 살 때 당나라로 유학을 떠났다. 열여덟 살 때는 당나라의 과거 시험에 합격하여 당나라의 벼슬길에 나가게 되었다. 그때 당나라에는 황소라는 자가 반란을 일으켰는데, 최치원은 절도사 고병의 참모로서 참전하였다. '황소를 토벌하자'는 방을 방방곡곡에 붙였는데, 그 글을 최치원이 지었다. 최치원이 글을 얼마나 잘 지었던지 황소가 그 글을 읽고 간담이 서늘하여 침대에서 굴러떨어질 지경이었다고 한다. 그때 최치원의 나이 겨우 스물두 살이었다.

그러나 최치원은 신라 사람이었기 때문에 당나라에서 꿈을 펼치는데 한계가 있었다. 절도사 고병도 죽었다. 그래서 최치원은 스물아홉 살 때 고향인 신라로 돌아왔다. 하지만 신라도 혼란스럽기는 마찬가지였다. 신라의 서울이었던 경주의 왕족과 귀족들은 사치와 향락에 빠져 있었고, 지방에서는 잇달아 반란이 일어났다.

그는 890년에 대산군[5] 태수를 시작으로 천령군[6]과 부성군[7] 등의 태수, 그러니까 오늘날의 군수로 부임하여 백성들을 보살피려고 애썼다. 예를 들어, 함양에서는 홍수를 막으려고 강에 둑을 쌓아 물길을 돌려서 고을에 물난리가 나지 않게 하였으며, 상림이라는 숲을 만들어 홍수를 예방하였다. 이 상림이 우리나라 최초의 인공숲이다.

당나라에 유학도 하고 당나라의 말과 글에도 능통하였으므로 신라 조정에서는 그를 당나라에 사신으로 보내기도 하였다. 894년에 조정

---

5) 지금의 전라북도 태인.
6) 지금의 경상남도 함양.
7) 지금의 충청남도 서산.

에 열 가지 개혁 정책을 제안하였더니, 신라 조정에서는 고작 아찬이라는 벼슬을 내렸다. 그때는 어떤 집안에 태어났느냐에 따라 오를 수 있는 관직에 한계가 있었다. 최치원은 진골 귀족이 아니라 육두품 신분이었기 때문에 육두품 출신이 오를 수 있는 가장 높은 벼슬인 아찬을 주었던 것이다. 그러나 그의 포부를 실현하기엔 터무니없이 낮은 관직이었다. 진골 귀족들은 이러한 신분 제도를 바꿀 생각이 없었다. 최치원은 능력도 포부도 펼칠 수가 없었다. 그래서 겨우 40대라는 젊은 나이에 모든 관직을 버리고 가족들을 이끌고 가야산으로 숨어들어 살았다고 한다.

어린 나이에 당나라에 유학하여 앞선 문물을 접하고 고국인 신라로 돌아와 세상을 바꿔 보려 했지만 결국 성공하지 못했던 최치원 선생. 백성들은 그를 어떻게 평가했을까? 백성들은 최치원 이야기를 입에서 입으로 전하였다.

최치원 설화는 최치원이 황금돼지의 아들이라는 이야기부터 시작된다. 조금 황당무계하게 들리겠지만, 설화라는 것이 원래 그렇다. 고구려를 세운 고주몽이나 신라를 세운 박혁거세처럼 알에서 태어나기도 한다. 고주몽이 부여에서 도망칠 때 강가에 이르러 길이 막혔는데, 물고기와 자라 등이 떠올라 다리를 만들어 줌으로써 무사히 강을 건넜다는 이야기가 있다. 입에서 입으로 전하는 이야기가 아니라 광개토대왕릉비에 적혀 있는 이야기이다!

고려시대에 여진족을 몰아낸 윤관 장군의 선조인 윤신달은 용연(용의 연못이라는 뜻)이라는 연못에 떠 있던 금궤에서 나왔는데, 어깨 위에는 붉은 사마귀가 돋아 있고, 양쪽 겨드랑이에는 여든한 개의 잉어 비늘이 나 있었으며, 또 발에는 찬란한 빛을 내는 검은 점이 일곱 개 박혀 있었다고 한다. (이렇게 몸에 점이 일곱 개나 박혀 있으면 그 점들은 대개 북두칠성을 나타낸다.) 윤신달의 후손인 윤관 장군은 함경도 함흥에서 여진족에게 포위되었다가 그 포위를 뚫고 탈출하였다. 적군이 추격하고 있는데 어느 강가에 이르러 발을 동동 구르고 있을 때, 어디선가 잉어 떼가 나타나 다리를 놓아 주어 탈출할 수 있었다고 한다.

위인 설화는 오랜 옛날이야기만은 아니다. 안중근 장군과 관련된 설화가 있을 정도이니 말이다. 조선의 왕후인 명성왕후를 시해하고 고종황제를 강제로 폐위시키고 조선의 국권을 강탈함으로써 동양의 평화를 파괴한 죄를 물어, 안중근 장군은 1909년 하얼빈역에서 이토 히로부미를 사살하였다. 그런데, 전해 오는 이야기에 따르면, 안중근 장군은 태어나면서부터 가슴과 배에 마치 북두칠성처럼 생긴 일곱 개의 검은 점이 있었기 때문에 어릴 적 이름도 '칠성에 응해서 태어났다'는 뜻으로 응칠이라고 했다고 한다.

어떤 역사 속의 위인에 관한 설화는 단지 황당무계한 이야기에 불과한 것이 아니라, 백성들이 그 영웅을 어떻게 생각해 왔는지가 그 안에 녹아 있다. 글을 잘 써서 문장가의 별인 문창성으로 추앙받는 최치원 선생은 백성들에게 어떤 평가를 받아왔을까? 몇 가지 재미있는 이야기를 들어 보자.

♂ 최치원의 탄생

《포박자》라는 책에 이렇게 적혀 있어.

> "만물이 오래 묵으면 사람의 모습으로 둔갑해서 사람을
> 현혹할 수 있다. 오직 거울에 비추면 그 본 모습을 감출
> 수 없다. 그래서 옛날 도사들은 도깨비들이 접근하지 못
> 하도록 모두 맑은 거울을 등에 지고 다녔다."

역사책에는 전혀 나오지 않는 이야기야. 옛날 신라의 어느 고을에 천 년 묵은 황금이 돼지로 둔갑해 있었어. 그런데 그 고을에 원님이 새로 부임해 오면 그 첫날밤에 금돼지가 새 원님의 마누라를 데려가 버려. 금돼지가 술수를 부리는 통에 알고서도 막을 수가 없어. 그래서 피해자도 여럿이야.

어느 원님 부인도 금돼지에게 잡혀갔는데, 원님이 꾀를 내어 부인의 옷에 실을 묶어 놓은 다음, 끌려간 부인을 찾아냈어. 잡혀갔던 부인이 꾀를 내어 금돼지의 약점을 알아냈지. 그 돼지는 사슴 가죽 삶은 물을 귀에 넣지만 않으면 무엇으로도 죽일 수 없다는 거야. 그런데 마침 그 부인이 지니고 있던 은장도 칼집의 줄이 사슴 가죽으로 만든 거야. 옳

거니! 부인이 그 사슴 가죽으로 만든 끈을 삶아서 물을 만들어 두었다가 금돼지가 잠든 틈을 타서 돼지의 귀에 넣었어. 금돼지는 몸부림치다가 죽어 버렸지. 그렇게 해서 그동안 잡혀간 원님 부인들을 모두 구했고 돼지굴은 불태워 버렸지.

그래서 원님이 부인을 찾아다 집으로 데려와서 사는데 열 달이 지나 아기를 낳았어. 원님이 자기 자식이 아니라 금돼지의 자식일 수 있으니까 오동나무 상자에 넣어서 바다에 띄워 보냈지. 그런데 그 오동나무 상자를 큰 독수리가 채어다가 섬에다 갖다 놓은 거야. 그러더니 학이 날아와서 품어 주고 호랑이가 젖을 먹여 보살피는 거야. 아이가 얼마나 영특한지 지렁이를 보고 한 일[一] 자를 알고 하늘을 보고 하늘 천[天] 자를 알아. 또 언제부터인가 신선이 학을 타고 날아와 글공부를 시키는데 하나를 가르치면 열을 알아.

♀ 꼬마 최치원과 중원 선비의 문장 대결

최치원이 한 일곱 살 되었나, 최치원이 글을 읽으면 그 소리가 중원까지 들려. 중원 선비들이 신라에 인재가 났다는 걸 알았지. '누군지 시험해 봐서 여차하면 없애 버리자.' 이렇게 마음먹고 중원 선비들이 배를 타고 서해 바다를 건너와. 최치원이 그걸 알았지. 그래서 섬으로 들어오는 나루터로 가서 갯가에 쪼그리고 앉아 게를 잡으려고 게 구멍을 쑤시고 있었어. 얼굴이며 몸에 다 개흙이 묻어서 누군지 알아볼 수가 없었지.

그러고 있는데 중원 선비들이 최치원이 사는 섬으로 가려고 뱃사공을 기다리면서 갯가에서 글을 짓고 있거든. 평생 바다를 본 적이 없는 중원 선비들이 가만히 보니 갈매기가 날아다니는 거라. 그래서 이런 한시를 지었어.

白鷗飛白鷗飛 潛潛伏伏 白鷗飛
백구비백구비 잠잠복복 백구비

무슨 뜻인가 하니,

갈매기 난다. 갈매기 난다. 잠겼다 엎드렸다. 갈매기 난다.

라는 뜻이야. 그러고 나서 그다음 구절이 떠오르질 않는 거야. 그러니까 노래를 불렀는데 운율과 뜻이 서로 짝을 이루는 그다음 구절이 떠오르지 않아서 저 구절만 되풀이하고 있는 거야.

그때 온통 개흙 투성이 꼬마가 하나 오더니,

"그까짓 걸 못 채우고 있소? 내가 채워 볼까요?"

어허 이 녀석 봐라. 중원 선비들이 꼬마를 얕잡아 보고,

"그래 한번 해 봐라."

하니, 흙 꼬마가 읊었어.

飛上下飛上下 飛飛上上下下 花間弄鸎[8]

비상하비상하 비비상상하하 화간농황

무슨 뜻인고 하니,

오르락 내리락 오르내리락 오르내리락 꽃 사이에 희롱하
는 꾀꼬리

이렇거든. 중원 선비들이 들으니 기가 막히게 좋아.

'개흙 투성이 땅꼬마도 저런 글을 짓는데 그 신라 문장가를 찾아봐
야 소용없겠다.'

하고 그냥 중원으로 돌아갔단다.

그러던 어느 날 원님이 아이가 죽었는지 살았는지 보러 왔는데, 아
이가 생생하게 살아 있고 게다가 무척 영특하거든. '이 아이는 보통내
기가 아니구나.' 하고 데려다가 길렀지. 이 아이가 바로 최치원이야.

---

8) 飛 날[비]; 上 위[상]; 下 아래[하]; 花 꽃[화]; 間 사이[간]; 弄 희롱할[롱]; 鸎 꾀꼬리[황].

◁ 대국이 낸 수수께끼를 푼 최치원

최치원이 한 열 살이 되었던가. 더 큰 세상을 보겠다고 집을 나와서 서울로 올라갔어. 먹고살기 위해 거울 때우는 일을 하게 되었어. 그때는 구리로 만든 거울을 썼는데 거울이 조금 깨지기라도 하면 때워서 썼단다. 하루는 정승 집에 가서 거울을 고쳐 주게 되었어. 정승이 아끼던 거울을 딸에게 주었는데, 딸이 쓰다가 조금 망가졌거든. 마침 잘 되었다고 최치원에게 고쳐 달라고 했지. 최치원이 거울을 받아서 고치려다가 그만 깨 버렸어.

"아주 귀한 거울을 깨 버렸는데, 제가 지금 갚을 돈이 없으니 대감 방에 불이라도 때겠습니다."

하고 정승집 불목한이 되었지. 정승의 딸이 최치원에게 이름이 뭐냐고 물었어. 최치원이 가르쳐 주지 않았더니, 그냥 '파경노'라고 불렀어. '거울을 깨뜨린 노예'라는 뜻이야.

정승이 가만히 보니까 파경노가 일을 참 잘한단 말야. 정승 따님이 사는 후원의 꽃밭에 물을 주라고 시켰어. 그런데 파경노가 꽃밭에 물을 주면 꽃들이 싱그럽고 탐스럽게 꽃이 피는 거야. 어느 날 따님이 꽃 구경을 나왔다가 너무 경치가 아름다우니까 시 한 구절이 저절로 나와. 이런 시를 짓는 걸 보면 그 따님도 보통내기는 아니지?

花笑檻前聲未聽[9]

화소함전성미청

파경노가 해석해 보니,

꽃이 새장 앞에서 웃어도 소리가 들리지 않네

이런 뜻이거든. 마치 새장 속에 갇힌 새처럼 후원에 갇혀서 예쁜 꽃을 봐도 즐겁지 않다는 뜻이야.

그런데 따님은 다음 구절이 생각이 나지 않아서 곰곰 생각에 잠겨 있는데, 화초 밑에서 물을 주던 파경노가 냉큼 대구를 짓는 거야.

鳥啼林下淚難看[10]

조제임하루난간

따님이 해석해 보니,

---

9) 花 꽃[화]; 笑 웃을[소]; 檻 우리[함]; 前 앞[전]; 聲 소리[성]; 未 아닐[미]; 聽 들을[청].

10) 鳥 새[조]; 啼 울[제]; 林 수풀[림]; 下 아래[하]; 淚 눈물[루]; 難 어려울[난]; 看 볼[간].
    파경노와 따님이 주고받은 시구는 조선 시대의 김인후(1510~1560) 선생이 한시를 짓는 사람들이 참고하라고 좋은 시구 백 편을 모아서 만든 《백련초해(百聯抄解)》라는 책에 나오는 것이다.

새는 숲속에서 울지만 눈물은 보기 어렵네.

이런 뜻이거든. 꽃은 웃고 새는 울지. 웃지만 소리가 들리지 않는데, 울지만 눈물을 보기 어렵다지. 참으로 어울리는 시구야. 아씨는 '아 이 사람이 보통내기가 아니구나.' 하고 생각했어. 그래서 둘은 마음이 맞는 친구가 되었단다.

그러던 어느 날 대국에서 돌상자 하나를 보내서,

"이 상자를 깨뜨리지 말고 그 속에 뭐가 있는지 알아내라."

라는 수수께끼를 냈어. 수수께끼를 맞추지 못하면 대국이 우리나라를 얕잡아볼 거란 말이야. 그런데 도저히 알 길이 없어. 현명하기로 나라 안에서 유명한 정승 대감도 답을 몰라. 그래서 정승 대감이 끙끙 앓아누웠지.

따님이 아버지가 앓아누우시니까 걱정이 돼서 무슨 일인지 자초지종을 물었어. 정승 대감이 이러저러하다고 다 일러 줬어. 따님이 그 말을 듣더니, 한시를 잘 짓는 파경노가 떠올랐단다.

"혹시 파경노가 답을 알 수도 있을 것 같아요."

하니, 정승 대감이 반신반의하면서 파경노를 불러서 수수께끼의 답을 물었어. 그러자 파경노가 대답했지.

"그건 쉬운 문제입니다. 하지만 따님과 결혼하게 해 주시면 답을 알려 드리죠."

이거 참 기가 막혀. 그렇지만 기약한 날짜는 다 되어 가고 또 딸도 싫어하지 않는 기색이라 결혼을 시켰지.

신혼 첫날밤에 따님이 답을 알려 달라고 하니, 발가락 사이에 붓을 끼우더니 쿨쿨 잠만 자. 그런데 아씨가 자고서 아침에 일어났더니, 벽에 답이 한문으로 적혀 있어.

團團石中物이 半白玉半黃金이라.[11]
단단석중물이 반백옥반황금이라.

대감이 해석해 보니, '단단한 돌 속에 있는 물건은 반은 흰옥이고 반은 황금이다.'라는 뜻이야. 가만히 생각해 보니 이건 달걀을 말하는 거야. 그다음 구절은,

夜夜知時鳥가 含情未吐音이라.
야야지시조가 함정미토음이라.

대감이 해석해 보니, '밤마다 시간을 알리는 새가 마음은 품었으나 소리를 토해 내지는 못한다.'라는 뜻이거든. 새벽이 되면 닭이 꼬끼오 하고 우니까 시간을 아는 새는 닭을 말하는데, '마음을 품었으나 아직 소리를 토해 내지 못한다.'니 이건 무슨 뜻인지 잘 모르겠거든. 해서

---

11) 團 둥글[단]; 石 돌[석]; 中 가운데[중]; 物 물건[물].
　　 半 절반[반]; 白 흴[백]; 玉 옥돌[옥]; 黃 누를[황]; 金 쇠[금].

최치원에게 물어보니,

"아직 꼬끼오 하고 울지 못하는 병아리가 죽은 채로 돌상자 속에 들어 있다는 말입니다."

대감이 무릎을 탁하고 쳤어. 그러니까 대국에서 달걀을 솜에 싸서 돌상자에 넣어 보냈는데 오는 도중에 알에서 깨어 병아리가 되었다는 말이로구나. 대감이 무척 기뻐하며 그 답을 조정에 가져가니 다들 그럴듯하다고 해서 그 답을 대국 천자에게 보냈어.

대국 천자가 그 답을 보더니 '달걀이 답인데 병아리라니?' 하며 좋아라 돌상자를 깨 봤지. 어라? 진짜로 병아리가 하나 죽어 있는 거야.

'어이쿠, 달걀인 것을 알아낸 것도 용한데 병아리라는 것까지 맞추다니! 소국의 인재가 보통내기가 아니구나. 이번엔 더 어려운 문제를 내야지.'

하고 또 수수께끼를 냈어.

"모래로 배를 만들어 대령하라."

모래로 배를 만들면 그게 물에 뜰 리가 있나? 소국은 또 고민에 빠졌어.

"대감이 저번 수수께끼를 맞추었으니, 이번 수수께끼도 맞춰 보시오."

임금님이 대감에게 또 물었지.

"사실은 저번 수수께끼는 제 사위가 맞춘 것입니다."

라고 사실대로 아뢰니, 임금님이 최치원을 불렀어.

"그 수수께끼라면 제가 풀 수 있습니다."

라고 하더니, 최치원은 강가 모래밭으로 가서 커다랗게 배를 그리더니,

"배를 다 만들었으니 대국에서 끌어갈 재주가 있으면 끌어가시라."

라고 하는 거야. 아무리 대국이라고 모래 배를 끌어갈 재주가 있나? 대국 천자는 더욱 화가 나서 또 수수께끼를 냈어.

"재로 새끼를 꼬아 대령하라."

또 최치원에게 물었지.

"짚으로 새끼를 꼰 다음 돌 위에 놓고 불태워서 그 모양 그대로 보내시면 됩니다."

조정에서 그대로 해서 대국에 갖다 바쳤지. 대국에서는 더 악에 받쳐서 '이건 풀지 못하겠지.' 하고 더 어려운 수수께끼를 냈어.

"압록강의 물은 모두 몇 되인가?"

신라 조정은 또 난리가 났어. 도대체 그 많은 압록강 물을 어떻게 되로 되어 보라는 거야? 나라 안의 학자들이 머리를 맞대 보았지만 허사였어. 임금이 또 최치원에게 답을 물어봤지. 그랬더니,

"그건 아주 쉬운 수수께끼네요."

최치원의 답은 이랬어.

"압록강 강물이 몇 되인지는 이 맹인이 보면 아니까, 대국에서 맹인 눈을 뜨게 해서 물어보십시오."

대국 천자가 두 손 두 발을 다 들었어. 아무리 해도 이길 수가 없는 거야.

'이야 이거 보통 인재가 아니구나. 그 인재를 그냥 두면 우리나라의

앞날에 좋지 않겠다.'

라고 나쁜 마음을 먹고, 그 답을 한 인재더러 직접 대국으로 오라고 불렀어.

정승 대감은 걱정이 되었지만, 최치원이 대뜸 "제가 가겠습니다."라고 대답하고 대국에 사신으로 가게 되었지.

"대신 다섯 자 높이로 가죽신을 짓고 좌우 세 발씩 뿔을 단 사모를 만들어 주십시오."

그렇게 해서 최치원은 가죽신과 사모를 가지고 대국으로 길을 떠났어.

✂ 가뭄을 쫓아낸 최치원

한참 길을 가다가 어느 마을에 들어섰어. 이 마을은 도둑들만 사는 마을이었어. 그런데 그때 날이 너무 가물어서 그 도둑들이 마실 물도 없고 거의 죽을 정도였어. 대국 가는 용한 선생이라니까 지푸라기라도 잡는 심정으로,

"선생님 여기 비 좀 내리도록 해 주시오."

하니, 최치원이 글을 써서 고사를 지내니 비가 내렸어.

"이 은혜를 어찌 갚을까요?"

"대국 가는 길이나 일러 주시오."

"고개 아홉을 넘으면 어떤 부인이 빨래를 하고 있을 터이니 길을 물어보십시오."

그래서 아홉 고개를 넘으니 진짜로 한 부인이 냇가에서 빨래를 하고 있어.

"아주머니, 대국 가는 길 좀 알려 주시오."

그 부인이 최치원의 말을 듣더니,

"공짜로는 안 돼."

"그럼 내가 빨래를 해 드리리다."

최치원이 산더미 같은 빨래를 다 해 주니, 그 부인이 빨랫방망이를 물에다 훅 던지며,

"이 방망이를 따라 내려가면 길을 아는 사람이 있을 터이니 한번 물어보라."

그래서 고맙다고 인사하고 방망이를 따라가니 진짜로 어떤 부인이 있어.

"대국 가는 길을 알려 주세요."

"공짜로는 안 돼. 이 구슬을 꿰어야 대국 가서 살아 나오니까 한번 잘 해 봐."

라면서, 구슬 하나를 주네. 최치원이 보니까 아홉 번 굽은 구슬이야. 구멍이 아홉 번 구부러져서 아무리 해도 실을 꿸 도리가 없네. 천하의 최치원이지만 이걸 꿸 도리가 있나. 최치원이 낙심하고 앉아 있는데, 뽕밭에서 뽕 따던 딸이 그걸 보다가, 꿀 밀(蜜) 자를 땅바닥에 쓰는 거야. 최치원이 그걸 보고 가만히 생각하더니, '아하' 하고 무릎을 쳤어. 그러더니 구슬 구멍에다 꿀을 한 방울 넣어서 구멍 밑까지 발라지게

한 다음, 개미허리에 줄을 꿰어서 개미가 그 꿀을 따라가게 해서 구슬을 꿰었어.

그 부인이 기특하게 여기고 대국 가는 길을 알려 줬어. 최치원이 구슬 꿰어 만든 목걸이를 딸에게 주었지. 그리고는 길을 떠나려는데 그 딸이 장아찌 한 단지를 내주면서,

"이걸 가지고 가면 다 쓸 데가 있을 거야."

라는 거야. 그래서 그걸 챙겨서 돛단배를 타고 마침내 대국에 도착했지.

ᅌᅥ 최치원의 여섯 발 갓뿔

한편 대국의 천자는,

"소국에서 인재가 오면 어떻게 해서라도 없애 버려야 우리 대국이 편해질 거야."

라면서 최치원을 해치려고 대궐 문에다 뭔가 장치를 해 뒀어. 최치원이 도착하자 대국 사람들이 구경을 많이 나왔어. 그런데 사모뿔이 여섯 발이나 되니 이리 치고 저리 치고 불편해.

"벗으면 안 되나?"

"아니, 우리나라같이 조그만 나라에서도 이 사모를 쓰고 마음대로 다니는데 이렇게 큰 나라에서 사모뿔이 걸리도록 길을 닦아 놓으면 어떻게 하나? 집도 허물고 소나무도 베어 길을 넓혀 주시오."

"그러면, 그냥 고개를 좀 옆으로 돌리면 안 되나?"

"아니! 우리나라같이 조그마한 나라에서도 군자는 길을 똑바로 걷는데 대국에서는 군자들이 고개를 틀고 걷는다는 말이오?"

구름같이 구경 나온 백성들 이목도 있고 해서 하는 수 없이 집도 허물고 소나무도 베어 내어 길을 넓혀 가면서 겨우겨우 대국 대궐에 도착했어.

대궐에 도착하니 대국 도읍의 백성들이 죄다 구경하러 나왔어. 처음보다 더 많아. 그런데 최치원이 대국 천자를 뵈러 대궐 문으로 들어가려고 하니 또 사모뿔이 걸려서 들어갈 수가 없는 거야.

"벗으면 안 되실까요?"

"아니! 우리나라같이 조그마한 나라에서도 이런 사모를 쓰고 문을 들어갈 수가 있는데, 이 대국의 문이 왜 이 모양인가?"

라고 투덜대니, 구름같이 모인 백성들 이목이 무서워서 벼슬아치들이 체면이 말이 아니야. 아주 식은땀을 흘리며 쩔쩔매.

"그러면, 그냥 고개를 돌리고 들어오시면 안 되실까요?"

"아니, 천자를 뵈러 가는 사람이 고개를 돌리고 들어가면 천자께서 좋아하시겠나?"

라고 하니, 그 말도 일리가 있어. 그래서 대국 체면이 서질 않으니 대궐 문을 부수고 넓혔지. 그 통에 최치원을 죽이려고 설치해 둔 장치도 뜯겨 버렸어. 대국 천자가 '아차' 하고 알아챘을 때는 이미 늦었지.

대국 천자가 최치원을 죽여 버리는 일은 실패했지만, 꼬투리를 잡으려고 대국 문장들을 전부 불러다 최치원과 문장 대결을 시켰어. 먼저 대국 문장이 시를 지었어.

銀杏甲中에 藏碧玉이요.[12]
은행갑중에 장벽옥이요.

'은행은 껍질 속에 파란 옥을 숨기고 있고'란 뜻이야. 대국 문장이 시를 읊기가 무섭게 최치원이,

石榴皮裏에 點丹沙라.[13]

---

12) 銀 은[은]; 杏 살구[행]; 甲 껍질[갑]; 中 가운데[중]; 藏 감출[장]; 碧 푸를[벽]; 玉 옥돌[옥].

13) 이 이야기는 《연려실기술》이라는 책에 나오는 이야기다. 《연려실기술》은 정식 역사책은 아니고 민간에 떠도는 이야기를 모아 놓은 것이다. 이 시 짓기 대결은 조선 시대 선조 임금 때 실제로 있었던 모양이다. 명나라에서 온 사신을 위해 연회를 베풀었는데, 명나라 사신이 마침 은행 껍질을 깨뜨려서 은행을 불에 구워 먹다가 아주 맛이 좋다면서 '은행 껍질 속에 파란 옥이 숨어 있다.'라는 시구를 지어 조선 사람들을 시험하였다고 한다. 그러자 그 옆에 있던 통역관 표정로가 곧바로 '석류 껍질 속에는 붉은 모래가 점점이 묻었네.'라는 대구를 지었다고 한다. 그러자 명나라 사신이 '역관들도 이렇게 시를 잘 지으니 높은 벼슬하는 대신들은 말할 것도 없이 뛰어난 인재겠구나.'라고 생각하고 다시는 조선 사람들을 얕잡아 보지 않

석류피리에 점단사라.

'석류의 껍질 속에는 붉은 모래가 점점이 묻었네.'라는 뜻이야. 은행과 석류, 옥과 붉은 모래가 서로 짝을 이루는 멋진 대구야.

이런저런 문장 대결에서 대국 선비들이 모두 졌어. 대국 천자는 화가 머리끝까지 나서 다짜고짜 최치원을 섬으로 귀양을 보냈지. 그 섬에는 사람은커녕 짐승도 없어서 살아날 방법이 없는 거야.

✂ 섬에 유배되었던 최치원

그러던 어느 날 폭풍이 불다가 잠잠해졌는데, 돛단배 하나가 섬으로 밀려왔어. 최치원이 가서 사람들을 구해 주었어. 그런데 알고 보니 그 사람들은 해적인 거야! 해적질해서 돌아오다가 폭풍을 만나 섬까지 떠밀려 온 거지. '이제 난 죽었구나.' 그런데 이게 웬일이야? 해적들이 최치원에게 넙죽넙죽 절을 하는 거야. 알고 보니 이 해적들은 최치원이 대국으로 오던 길에 가뭄에서 구해 준 도둑들이었던 거야.

았고 역관 표정로에게는 선조 임금이 상으로 안장을 갖춘 말을 하사했다고 한다. 율곡 이이 선생이 겨우 세 살이었을 때, 외할머니가 석류를 주면서 "이것이 무엇과 같이 보이느냐?"고 물었더니, 율곡은 "은행은 껍질 속에 푸른 알을 머금었고, 석류는 껍질 속에는 부서진 붉은 구슬이 들어 있습니다."라고 대답했다고 한다. 이것은 어린 율곡이 "은행각함단벽옥(銀杏殼含團碧玉), 석류피리쇄홍주(石榴皮裏碎紅珠)"라는 옛날 시를 이미 알고서 그렇게 대답한 것이다.

"아이고 선생님, 저희 고향에서 기우제를 지내 비가 오게 해 주셔서 그 은혜를 갚으려 해도 갚을 도리가 없었는데 잘되었습니다."

라면서 도둑들이 싣고 오던 쌀이랑 그릇이랑 갖가지 연장을 잔뜩 주는 거야. 도둑들이랑 잔치를 벌이면서 지내다 도둑들이 배를 다 고쳐서 백 배 인사하면서 떠났어.

최치원이 밥을 먹으려고 하는데 밥만 있지 반찬이 없네. 사람이 살려면 소금을 먹어야 하거든.

'아하 그 아가씨가 준 장아찌가 있었지!'

최치원은 해적들이 준 쌀로 밥을 하고 아씨가 준 장아찌를 빨아 먹으면서 섬에서 삼 년을 섬에서 살았어. 대국 천자가 '한 삼 년 지났으니 아마 죽었겠지.'라고 생각하고 관리들을 섬으로 보내 확인했어. 그런데 이게 웬일이야? 최치원이 생생하게 살아 있는 거야! 대국 천자는 '아, 하늘의 뜻이로구나. 어쩔 수 없구나.'라고 생각하고 최치원을 도로 고향으로 보내 주었어.

그런데 문장 대결에서 진 대국 문장들이 분이 풀리지 않았는지 최치원을 해치러 따라왔어. 그걸 모를 최치원이 아니지? 최치원이 압록강에 와서 생각해 보니,

'이놈들을 그냥 놔두고 가면 안 되겠다.'

그래서 압록강 절벽에다,

西風萬里客이 落日浮碧樓라.[14)]

서풍만리객이 낙일부벽루라.

이렇게 써 붙이고 강을 건너 돌아왔어.

대국에서는 선비들이 모여서 시를 짓고 그중에서 잘된 시를 석벽에 새겨서 사람들이 읽고 오래 전해질 수 있게 하거든. 대국 선비들이 그 석벽에 새겨진 시를 보더니,

"서풍(西風)은 귀신이 타고 다니는 바람인데? 낙일(落日)이면 해질 녘이란 뜻이고. 그러면, 귀신이나 타고 다니는 바람을 타고 아침에 중 원을 출발해서 해질녘에 여기 도착했다는 말이로군. 어이쿠, 이것은 사람이 쓴 시가 아니다."

라고 생각하고 귀신에게 잡힐까 혼비백산해서 도망쳤다는군. 그래 서 최치원은 무사히 돌아왔어. 그 시는 사실 그런 뜻이 아니라, "서쪽 에서 바람이 부는데 고향에서 만 리나 떨어져 있는 나그네 신세, 해지 는 부벽루가 그립다."라는 의미인데 대국 선비들이 자기 꾀에 속아 오 해를 한 거지.

---

14) 西 서쪽[서]; 風 바람[풍]; 萬 일만[만]; 里 거리, 마을[리]; 客 손님[객].
   落 떨어질[락]; 日 해[일]; 浮 뜰[부]; 碧 푸른옥[벽]; 樓 다락[루].

⊱ 홍수를 막은 최치원

나라에서는 최치원의 공을 인정하여 함양 태수에 임명했어. 더 높은 벼슬을 줘야 했지만, 최치원이 귀족이 아니라서 그 정도로 그쳤지. 최치원은 그것도 기꺼이 받아들였어. '백성들을 돕는 일인데 벼슬이 낮으면 좀 어때?' 최치원은 이렇게 생각했어. 최치원이 함양에 태수로 부임해서,

"이 지방 사람들의 가장 큰 소원이 무엇인고?"

하고 물으니, 백성들이,

"홍수가 나지 않았으면 좋겠습니다."

이러는 거야. 그때는 위천이라는 강이 함양읍의 한가운데로 흐르고 있어서 홍수가 자주 일어나서 백성들이 고통스러웠던 거야.

최치원 태수가 부적을 하나 적어 주면서,

"강물에 가서 '용님네, 용님네, 용님네!' 이렇게 세 번 부르면 용이 나올 테니, 작대기 끝에 부적을 끼운 다음 던져만 주고 오너라."

그러더래. 아전들이 시킨 대로, "용님네! 용님네! 용님네!"하고 세 번 부르니, 용이 꼬리를 차면서 나오는데, 작대기 끝에 부적을 끼워서 용에게 떨어뜨리고 왔단다.

며칠 뒤에 맑던 하늘에 먹구름이 끼더니 밤새 비가 왔어. 그러더니 함양 읍내를 지나던 강물이 들판 쪽으로 돌아가고 원래 강물이 지나던 길은 숲으로 바뀌어 있더란다. 그 숲을 상림이라고 하는데 지금도 함양에 가면 있다지.

⭕ 신선이 된 최치원

역사책에는 최치원이 열두 살 때 그의 아버지가 당나라에 유학을 보내면서 "십 년 안에 과거에 합격하지 못하면 내 아들이 아니다."라고 했다지? 최치원은 실제로 육 년 만에 과거에 합격해서 당나라에서 여러 가지 벼슬을 하다가 스물여덟 살에 신라로 돌아온단다. 그렇지만 기울어가던 신라를 새로운 나라로 만들기는 너무 어려웠어. 신라를 이끌던 귀족들이 귀족이 아닌 최치원의 말을 귀담아듣지 않은 거야. 혼자만의 힘으로는 도저히 신라를 구하지 못할 것을 직감한 최치원은 마침내 세상을 등지고 가족들을 모두 이끌고 가야산에 숨어 살았단다. 일설에는 신선이 되었다고 해.

또 이런 이야기가 있어. 최치원 선생이 어디론가 가시면서 짚고 다니던 지팡이를 가야산 해인사 절에다 꽂아 놓고,

"이 나무가 죽으면 내가 죽은 줄 알고, 살아 있으면 내가 살아 있는 줄 알아라."

라고 말씀하셨대. 그 지팡이에서 뿌리가 뻗고 잎이 났는데, 지금도 해인사에 가면 그 나무가 살아 있다고 해. 최치원 선생이 어딘가 살아 계실지도 모르지.

⚙ 퇴계를 시험한 문창성

퇴계 선생은 우리나라의 훌륭한 학자셨단다. 퇴계 선생은 경상도 안동 땅에 도산 서원을 세우고 거기서 제자들과 학문을 토론하며 살고 있었어.

하루는 제자들이 글을 읽고 있는데, 멀리서 말방울 소리가 들리더니, 문 앞에서 뚝 그쳐.

"퇴계, 초저녁잠은 잘 잤는가?"

"뉘신데 저를 찾아오셨습니까?"

퇴계 선생이 보니깐 새파랗게 젊은 선비야. 젊은 선비는 들어오란 말도 없는데 방안으로 성큼성큼 들어서더니 다짜고짜로 인사도 없이 그냥 양반다리로 다리를 탁 개고 앉아 버렸어.

"허, 그 녀석, 괘씸한 놈이다."

퇴계 선생의 제자들은 젊은 선비의 버릇을 고쳐 주겠다며 단단히 벼르고 있었지.

그런데 이 젊은 선비는 퇴계 선생과 학문이며 문학에 대해 막힘이 없이 이야기를 나눠. 오히려 퇴계 선생이 진땀을 흘려.

어느덧 해는 뉘엿뉘엿 서산 아래로 졌고, 초생달도 서산 아래로 넘어갔어. 이렇듯 밤이 깊어졌음에도 두 사람의 이야기는 끝이 없지 뭐야. 그러다가 그 젊은 선비가,

"이보게, 퇴계. 유인원애사(由人猿哀死)란 글이 어디에 나오는가?"

라고 물었어.

'사람 때문에 원숭이가 슬피 죽었다는 뜻인데……. 그 글이 도대체 어느 책에 나오더라?'

퇴계는 잠시 머뭇거리다가,

"음, 그건 《삼국지》란 책의 맨 끄트머리에 누가 마지막에 써넣은 것 이오."

라고 대답했지. 젊은 선비는 아주 즐겁게 웃더라고.

그렇게 얼마를 더 묻고 답하고 하는데, 새벽 첫닭이 울었어.

"음, 이제 가 봐야 할 시간이구먼."

젊은 선비는 혼잣말처럼 한마디하고는 그냥 자리를 털고 일어서. 퇴계는 일어서지도 못했는데 젊은 선비는 벌써 섬돌 아래로 내려가더니, 다시 말방울 소리가 쟁쟁하고, 드디어 점차 소리가 작아지기 시작하는 거야. 문밖에서 졸고 있던 퇴계 선생의 제자들은 화들짝 놀라 깨어,

"저 녀석을 버릇을 좀 고쳐 줘야지. 그냥 보낼 수는 없어."

라며 우르르 뒤를 따라나섰지.

그러나, 몇 명이 아무리 바삐 따라가도 그 젊은 선비를 따라잡을 수가 없어. 제자들은 온 힘을 다해 뒤쫓았으나 마침내 젊은 선비를 놓쳤어.

"휴, 걸음이 빠르기도 하지."

숨을 헉헉대며 서로의 얼굴만 빤히 바라보던 제자들은 하릴없이 도산 서원으로 발걸음을 돌렸어. 그런데, 으악! 이게 뭐야. 아래를 보니 까마득한 깜깜 절벽이야. 서로 잡아 주고 건네주며 간신히 서원에 터

벅터벅 돌아온 제자들에게 퇴계 선생은,

"너희들 그 선비를 따라갔었느냐?"

"네, 그런데 아무리 따라가도 손이 안 닿더군요. 고개까지 따라갔지만 못 잡고 발치를 보니 깜깜 절벽이라서 그냥 이렇게 돌아오는 길입니다."

"다행이다. 정말 큰일 날 뻔했구나."

"다행이라니요?"

씩씩대는 제자들을 물끄러미 바라보던 퇴계 선생은 안타깝다는 듯이 말했어.

"그분은 바로 하늘에 있는 문창성이란 별님이시다. 온 세상의 문학을 맡아보는 별님이시지. 문창성께서 나의 학문이 얼마나 되었는지 시험하기 위해 잠시 사람으로 둔갑하여 내려오신 것이다."

"아하!"

여기저기서 이제야 알았다는 듯한 탄성이 터져 나왔어.

"그러기에 나이가 젊다고 사람을 얕보면 못쓴다."

"네, 잘못했습니다. 선생님."

이때 한 제자가 이내 이런 질문을 했어.

"그런데, 슬피 죽은 원숭이 이야기는 무엇입니까? 선생님께 배운 기억이 없는데요."

"사실 난 '유인원애사'란 말이 가물가물하단다. 그런데 언제 한번 본 것 같은데, 나도 모르게 퍼뜩 그럴 거 같아 그렇게 대답한 거야."

"그럼 그 글귀가 정말 삼국지란 책의 책 끄트머리에 누가 낙서해 놓은 것이란 말씀이세요?"

"그렇다. 그런데 내가 그 책을 율곡 선생에게 선물로 주었거든. 당장 확인해 보긴 힘들지."

퇴계 선생님은 껄껄 웃으시더군.

이래서 일은 즐겁게 마무리가 되었는데, 제자 중에 호기심이 많은 사람이 하나 있었어. 그는 궁금증을 참지 못하고 강릉 오죽헌으로 사람을 보내서 율곡 선생이 보관하고 있는 《삼국지》의 맨 마지막 부분에 과연 그런 낙서가 있는지 알아 오라고 했단다. 그런데, 진짜로 그 글귀가 있었다는군.

✑ 문창성의 정기를 타고난 허미수 선생

미수 허목(1595~1682)이 강릉 부사일 때 생긴 일이야. 어느 날 미수 선생이 세수를 하고 있는데, 한 여자가 살기등등하게 지나가는 거야. 선생이 여자를 불러서 물었어.

"어딜 가는가?"

"혼인 잔칫집에 가는데 부사께서 부르셔서 들어왔습니다."

"그러냐? 그럼, 나와 같이 가자."

강릉 부사가 참석하니까 잔칫집으로서는 대단한 영광이었지. 그런데 선생이 가만히 날짜를 짚어 보니, 날짜가 혼인 날짜로는 아주 흉했거든. 그래서 날짜를 잡아 준 사람을 당장 불러들이라 했어. 택일관이 오자 선생이 호령했지.

"이놈, 남의 좋은 일에 이렇게 해로운 날을 잡아 주었느냐?"

택일관은 당황하는 기색도 없이 말했다.

"부사님께서 말씀하시니 얘기지만, 오늘이 흉한 날인 줄은 알고 있습니다. 하지만 문창성이 내려오는 날이니 오히려 좋은 날이 됩니다."

미수 선생이 생각해 보니, 택일관의 말이 아주 틀리지만은 않은 거야. 선생은 나면서부터 손바닥에 글월 문(文) 자가 새겨져 있어서 문창성의 정기를 타고났다는 얘길 들었기 때문이었지.

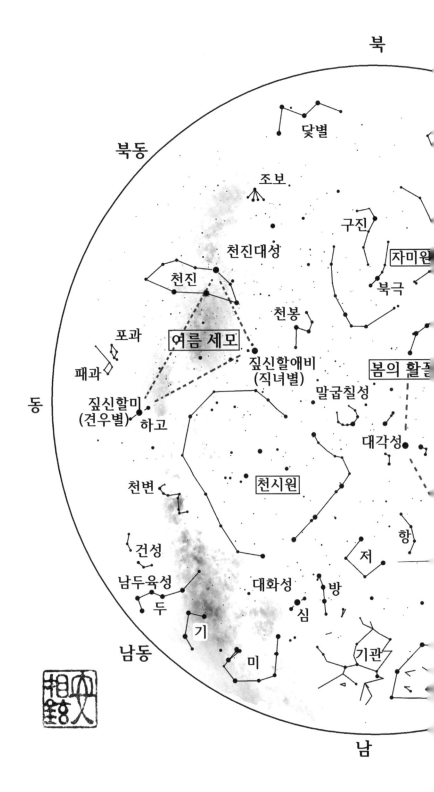

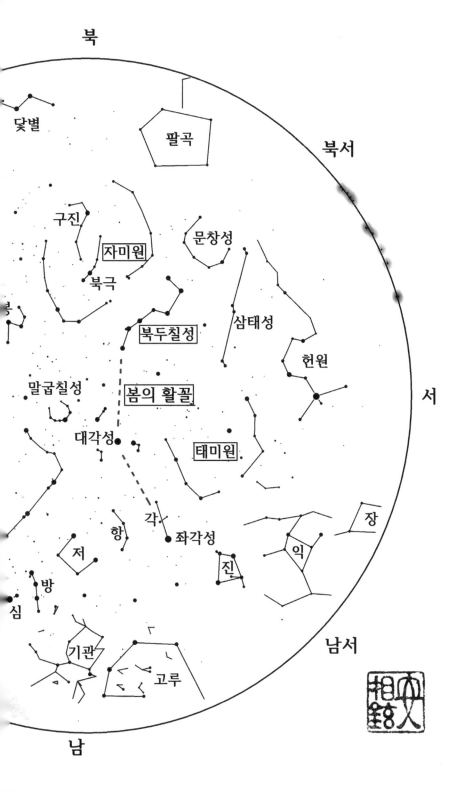

제3장

여름철 별자리

3.1 여름철 별자리 안내

해마다 6월 21일 무렵이면 하짓날이 돌아온다. 일 년 중에 해가 가장 높이 뜨고 그림자 길이는 가장 짧다. 낮은 가장 길고 밤은 가장 짧다. 저녁 9시 무렵에 하늘을 보면 무슨 별이 보일까?

맨 먼저 북두칠성이 높이 떠 있다. 그 손잡이를 따라 내려오면 대각성이 있고, 더 내려오면 좌각성이 보인다. 이것을 봄의 활꼴이라고 한다. 좌각성과 우각성이 동방칠수의 첫 번째 별자리인 각수를 이룬다. 각수로부터 시작해서 동쪽으로 각항저방심미기의 동방칠수가 이어진다. 특히 심수의 가운뎃별은 대화성이라고 한다. 남쪽 지평선 가까이 낮게 떠 있는 불그스름한 별이라 찾기 쉬울 것이다.

동쪽 하늘을 보면, 밝은 별 셋이 커다란 삼각형 모양을 이루고 있다.

앞선 것이 짚신할애비별이고 그 동쪽에 있는 것이 짚신할미별이다. 짚신할애비별은 직녀별이기도 하고, 짚신할미별은 견우별이기도 하다. 그리고 북동쪽 하늘에 있는 밝은 별이 천진대성이다. 짚신할애비별, 짚신할미별, 그리고 천진대성이 삼각형을 이루고 있는데, 이것을 별 보는 사람들은 '여름철의 세모'라고 부른다. 여름철 별을 찾을 때 참고로 삼으면 편리하다.

짚신할애비별은 서양 별자리로는 거문고자리의 알파별인 베가라는 별이고, 짚신할미별은 독수리자리의 알파별인 알테어라는 별이고, 천진대성은 백조자리의 알파별인 데네브라는 별이다.

대각성, 견우별, 직녀별, 대화성이 둘러싸고 있는 구역에 천시원이 있다. 백성들이 사는 하늘나라의 시장이다.

천시원의 서북쪽, 대각성의 동쪽에는 말굽칠성이 있다. 알파벳의 U자처럼 생겼는데, 그 모양이 말굽처럼 생겼다고 해서 우리나라에서는 말굽칠성이라고 부른다.

밤이 조금 더 깊어져서 자정 무렵이 되면, 남동쪽 지평선 근처에 남두육성이 떠오른다. 남두육성은 그 모양이 북두칠성을 닮았지만, 별이 여섯 개뿐이다. 천진대성으로부터 견우별을 지나 눈걸음을 남쪽으로 옮기면 지평선 근처에 낮게 떠 있는 남두육성을 찾을 수 있다. 대화성, 대각성, 직녀별, 견우별과 함께 커다란 오각형 모양을 이루는 위치에 있고, 또 지평선에서 은하수가 시작되는 곳에 있으니 잘 찾아보기 바란다.

3.2 말굽칠성

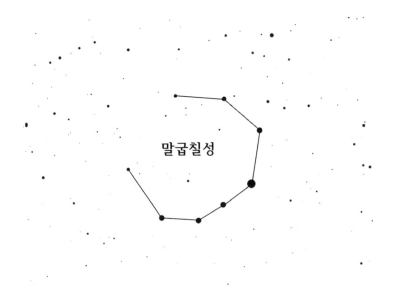

천시원 위에, 대각성에서 가까운 곳에 알파벳 U 자처럼 생긴 별이 있다. 그 모양이 말굽을 닮았다고 해서 우리나라에서는 말굽칠성이고 부른다. 서양 별자리로는 보석이 박힌 북쪽왕관자리이고, 중국 별자리로는 엽전을 꿰는 줄인 관삭이라고 한다.

전라도에서는 이 별자리를 '장구방별'이라고 부른다. 장구방은 장독대의 사투리다. 이 별자리를 이루는 별들은 모두 장독인 셈이다. 장독이 U 자 모양으로 놓여 있다. 위쪽의 열린 문으로 새댁이 들어가서 간장독, 된장독, 고추장독을 빙 돌아가면서 맛본다고 한다.

서기 408년에 만든 고구려 덕흥리 고분 안에도 말굽칠성이 그려져 있다. 물론 중국 별자리인 관삭을 그린 것일 수도 있지만, 어쩌면 우리 고유의 별자리인 말굽칠성을 그린 것은 아닐까?

3.3 오누이별

한여름 저녁에 남쪽 하늘을 보면, 동방칠수의 방수, 심수, 미수가 낮게 떠 있다. 일본에서는 방수는 할아버지고 심수와 미수는 그 할아버지가 은하수에 던진 낚싯대와 낚싯줄이라고 한다. 우리나라 사람들은 호랑이에게 쫓기던 오누이에게 하늘이 내려준 동아줄로 생각한다. 동아줄 끄트머리에 달린 오누이가 보일 것이다.

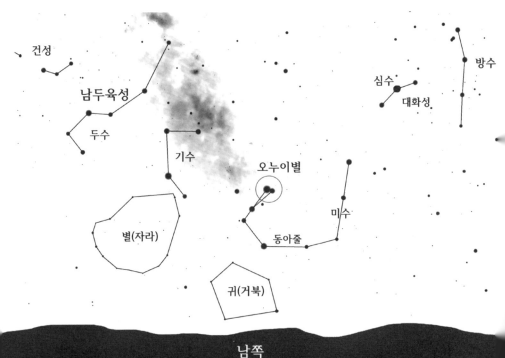

☽ 해와 달이 된 오누이

옛날 어느 산속에 홀어머니가 오누이를 키우며 살고 있었어. 하루는 어머니가 고개 너머 부잣집으로 베 짜 주러 가면서, 오누이에게 문단속 잘하고 누구에게도 문을 열어 주지 말라고 신신당부했어.

저녁에 일을 마치고 집으로 돌아올 때, 수수팥떡을 한 소쿠리를 얻었지. 그 떡 소쿠리를 머리에 이고 부랴부랴 집으로 길을 떠났지. 그런데 고개에 이르니 갑자기 호랑이가 한 마리 떡 나타났어.

"살려 주세요. 집에 아이들이 기다리고 있어요."

"그럼, 떡 하나 주면 안 잡아먹지."

어머니가 호랑이에게 떡을 한 개 주고 한 고개를 넘어왔어. 다음 고개에서 아까 그 호랑이가 다시 나타나 떡을 달라고 해. 또 하나를 주었지. 몇 번을 그러다 보니깐 떡이 떨어졌네? 어머니는 불쌍하게도 호랑이에게 잡아먹히고 말았단다.

"음, 집에 아이들이 있다고?"

호랑이는 아이들까지 잡아먹을 속셈에 오누이만 남아 있는 집으로 갔어. 호랑이는 어머니 흉내를 내면서 문을 열라고 했어.

'어? 엄마 목소리가 아닌 걸?'

오누이가 의심하며,

"그럼 문으로 손을 보여 주세요."

라고 하니, 호랑이가 창호지를 북 찢으며 손을 들이미는 거야.

"우리 엄마 손이 아니야. 우리 엄마 손은 보드랍고 쌀가루가 묻었거든?"

"손을 씻지 않아서 그래. 손을 씻고 다시 보여 주마."

호랑이는 손을 씻고 쌀가루를 묻히러 부엌으로 들어갔어. 오누이는 그 틈을 타고 살그머니 방을 빠져나와 우물가에 있는 나무 위로 올라갔어. 호랑이가 부엌에서 나와서 보니까 아이들이 방에 없는 거야. '얘들이 어디로 갔지.'라면서 이리저리 왔다 갔다, 이 방 저 방을 여닫고 해.

그러다가 호랑이가 하도 목이 말라 물이라도 마시려고 우물 속을 들여다보게 됐어. 호랑이는 우물 속에 비친 오누이를 발견했지.

"오호, 너희들 우물 안에서 뭐 하는 거니? 어서 올라오렴."

호랑이는 아이들을 움켜잡으려고 날카로운 발톱을 세우고 허우적거리다가 그만 우물에 빠져 버리고 말았어.

"바보 같은 호랑이 같으니라고. 하하하."

여동생이 까르르 웃는 바람에 호랑이에게 들켰어. 호랑이는 우물 밖으로 간신히 나오더니 힘을 다해 나무를 기어오르려고 했지. 그러나 끙끙 힘만 들 뿐 미끄러져 내리기를 되풀이했단다.

오라버니는 호랑이를 골려 주어야겠다고 생각했어.

"발에 참기름을 바르고 올라왔지."

호랑이는 그 말을 듣고 참기름을 바르고 나무를 타다가 주르륵주르륵 미끄러지기를 되풀이했어. 호랑이는 화가 머리끝까지 나서 길길이 날뛰었지.

"바보! 도끼로 나무를 찍고 올라오면 되는데."

누이동생이 글쎄 얼결에 좋은 방법을 알려 주었네?

"앗, 큰일이다!"

"으하하, 그런 수가 있었구나. 너희들 잠시만 기다리거라."

호랑이가 광에서 도끼를 찾아다가 나무를 찍어가며 기어오르기 시작했어. 아이들은 새파랗게 겁에 질려 어쩔 줄을 모르다가,

"하느님, 우리를 살리시려거든 새 동아줄, 새 삼태기를 내려 주시고, 우리를 죽이시려거든 헌 동아줄, 헌 삼태기를 내려 주세요."

하고 간절히 기도했어. 그러자 하늘에서 삼태기 달린 동아줄이 내려와 오누이는 이것을 타고 하늘로 올라갔단다.

호랑이는 땀을 뻘뻘 흘리며 나무를 타다가 오누이가 동아줄을 타고 하늘로 올라가는 것을 봤어. '옳지, 나도 기도를 하자.'

"하느님, 저에게도 동아줄과 삼태기를 내려 주세요."

그랬더니 이번에도 하늘에서 동아줄에 달린 삼태기가 내려와. 호랑이는 얼른 그것을 탔지. 그런데 한참을 하늘로 올라가다가 줄이 툭 끊어져 버렸어. 그건 썩은 동아줄, 썩은 삼태기였던 거야. 호랑이는 결국 수수밭에 떨어졌어. 수수깡이 좀 날카롭니? 호랑이 몸이 수수깡에 찔려서 피범벅이 되었지 뭐야. 그때부터 수수깡에 빨간 호랑이 핏자국이 남게 되었다는데?

오누이를 불쌍히 여긴 하느님은 아이들을 해와 달로 만들어 주었어. 오빠는 해가 되고 누이동생은 달이 됐지. 그런데 누이동생은 밤이 무

서웠어. 오빠더러 바꿔 달라고 했지. 그렇게 해서 오빠가 달이 되고 누이동생이 해가 되었는데, 누이동생은 사람들이 빤히 쳐다보면 부끄러우니까 밝은 빛을 내쏘았단다. 그때부터 사람들은 눈이 부셔서 해를 쳐다볼 수 없게 되었대. 또 여름밤 하늘에는 오누이가 타고 올라갔던 동아줄이 별자리가 되어 있단다. 끄트머리에 대롱대롱 달린 오누이가 보이지?

3.4 남두육성

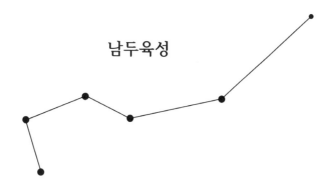

남두육성

오누이별의 동쪽을 보면 북두칠성을 닮은 남두육성을 볼 수 있다. 천진대성에서 견우별을 지나는 선을 죽 이어 내려와도 지평선 근처에서 남두육성을 찾을 수 있다. 남두육성이 남쪽 하늘에 보이면, 북쪽 하늘에는 북두칠성이 지평선 근처에 낮게 떠 있다.

남두육성은 태어난 날을 기록하고 북두칠성은 죽는 날을 정한다는 옛이야기가 많다. 역사를 거슬러 올라가면, 이러한 생각은 중국의 위·진 남북조 시대 도교 신앙에서 비롯되었다. 도교에서는 남두육성은 수명의 연장을 맡고 북두칠성은 사후의 평안을 맡는다고 믿었다. 여러 고구려 고분에 남두육성과 북두칠성을 함께 그린 것으로 보아, 고구려 사람들도 이러한 믿음을 갖고 있었음이 분명하다. 아마 저승에서도 오래도록 복록을 누리고, 사람들의 수명을 연장해 달라는 염원을 담아 고분 속에 두 별자리를 그렸을 것이다.

　미국 보스턴미술관에는 《치성광여래강림도》라는 14세기 고려시대의 탱화 작품이 소장되어 있다. 북극성을 '치솟는 듯한 불빛의 부처님'으로 간주하여 본존불로 모시고, 그 옆에 일광보살과 월광보살을 협시불로 두고, 칠요성에 케투와 라후를 합한 구요성이 옹위하고 있다. 그 주위에 북두칠성, 남두육성, 삼태육성, 이십팔수, 황도십이궁 등을 배치한다. 치성광여래가 가운데 앉아 설법을 하는 모습을 그린 형태와 소가 끄는 수레를 타고 여러 별님을 거느리며 하늘에서 강림하는 모습을 그린 형태가 있다. 그중에 북두칠성이 들어 있는 것은 우리만의 특징이다. 남두육성도 북두칠성 못지않은 대접을 받고 있다.

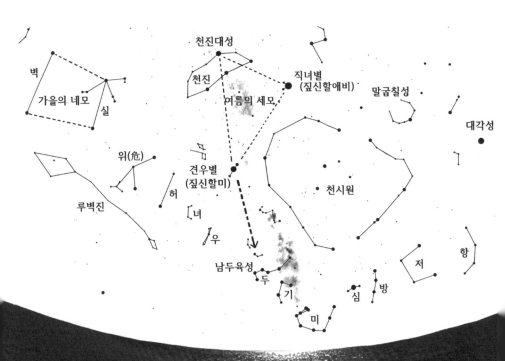

치성광여래 신앙은 통일신라 말기에 당나라에서 공부한 승려들이나 상인들에 의해 유입되어, 고려 태조 왕건이 924년에 구요초재라는 제사를 지내기 위해 구요당을 지을 정도로 고려 초에는 이미 널리 퍼져 있었다. 고려시대에는 황제가 직접 남두육성에게 도교식 제사인 초재를 지내기도 했고, 또한 화성이 남두육성에 침입한 변고가 발생하자 불교식 액막이 행사인 소재도량을 열었다는 기록도 있다. 소재도량은 치성광여래를 모시는 법회다.

1569년에 제작한 《치성광여래강림도》가 일본 교토의 고려미술관에 소장되어 있다. 이것은 조선 전기의 것으로는 유일할 뿐만 아니라 드물게 제작 연대가 알려진 것이다. 그 후 제작된 것은 칠성도라는 형태로 변모하여 지금도 전국의 사찰에 봉안되어 있다.

견우와 직녀가 만나는 날인 칠석날은 불가의 명절이기도 하다. 이날 전국의 사찰에서 치성광여래에게 칠석재를 올린다. 재앙을 막고 만복을 기원하기 위해 북두주(北斗呪) 또는 칠성진언이라는 주문을 왼다. 그 골자만 의역해 보면 다음과 같다.

북두의 아홉 별님이시여! 중천에 계신 신명님이여!
위로는 금궐을 비추시고, 아래로는 곤륜산을 덮으시네.
북두칠성의 탐랑, 문곡, 거문, 녹존, 염정, 무곡, 파군성이시여.
크게는 하늘가에 두루 미치고 작게는 먼지에 스미시니
어떠한 재난인들 멸하지 못하고, 어떠한 복인들 이르지 못할까!

북두칠성이 밤낮으로 가리킨 곳마다 영원한 보호와 장생을 주
소서!

삼태성은 허정, 육순, 곡생성이시여.

나를 낳아주고 나를 길러주시고 나의 몸을 보호해 주시도다.

존귀하신 별님들이시여,

어서어서 율령처럼 도와주러 오소서. 스바하.

여기에서 보듯이 사람들은 북두칠성과 삼태성에게 주로 기도하였
다. 삼태성이 맡은 일을 보면 우리의 삼신할미가 하는 역할과 흡사하
다. 북두칠성이 죽음과 관련이 있음은, 전통 상례에서 시신을 칠성판
위에 누이는 것에서도 볼 수 있다. 그 연원은 상당히 오래된 것으로 여
겨진다. 조선시대 사계 김장생 선생(1548~1631)의 문집인《사계전서》
에는《가례집람》이 실려 있다. 거기에 다음과 같은 글이 적혀 있다.

판자 한 조각을 목광 안에 넣고 북두칠성 모양으로 구멍을 일
곱 개 뚫는다. 퇴계 이황 선생(1501~1571)께 여쭈어보니, '남두
성을 삶을 주관하고, 북두성을 죽음을 주관하기 때문이다.'라고
답하셨다.

✂ 소년의 수명을 늘려 준 남두육성

옛날 중국 위나라에 관로라는 아주 유명한 점쟁이가 하나 살고 있었어. 어느 날 여행을 하다가 남양현의 한 시골 마을을 지나게 되었지. 밭 한가운데에는 한 젊은이가 열심히 일하고 있지 뭐야. 그런데 젊은이의 관상을 보아하니 머지않아 죽을 운명이야. 관로가,

"이보게, 자네 이름이 무엇인가?"

라고 묻자, 그 젊은이가,

"안초라고 합니다."

라고 대답했어.

"아, 안타까운 일이다. 이렇게 잘생긴 소년이 고작 스무 살밖에 살 수 없다니!"

이렇게 혼자 중얼거리듯 말하고 좀 머뭇거리다가 제 갈 길을 가.

소년이 헐레벌떡 집으로 돌아와 아버지에게 그 이야기를 했어. 아버지는 맨발로 점쟁이를 쫓아가 제발 아들의 목숨을 살려 달라고 애원했지. 마지못해 점쟁이는 젊은이를 불러 말했어.

"집에 돌아가서 맑은 술 한 통과, 좋은 음식을 준비하게. 그리고 묘일(卯日)에 자네 밭의 남쪽 끝 뽕나무 아래로 가게. 거기서 두 노인이 바둑을 두고 있을 테니, 그 옆에 술을 따르고 음식을 놓아두면, 두 사람이 술을 마시고 음식을 먹을 것이네. 그들이 잔을 비우면 잠자코 술을 따르기만 해. 이렇게 해서 술을 다 먹을 때까지 기다리고만 있게.

만약 그들이 무어라고 말을 하더라도 자네는 아무 말 하지 말고 그저 머리 숙여 인사만 하면 되네. 그러면 다 수가 생길 거야."

젊은이는 점쟁이가 일러 준 날짜에 그 뽕나무 아래에 가 봤어. 그랬더니 과연 노인 두 사람이 골똘히 바둑을 두고 있어. 북쪽에 앉은 노인은 검은 도포를, 남쪽에 앉은 노인은 붉은 도포를 입고 있었지. 꼭 신선처럼 보였어. 젊은이는 점쟁이가 시킨 대로 그들 앞에 술과 음식을 가만히 놓아두었어. 두 신선은 바둑에 푹 빠져 누구 것인지도 모르고 옆에 놓여 있는 술과 고기를 맛있게 먹었어.

그때 북쪽에 앉아 있던 검은 도포를 입은 신선이 젊은이를 보고 꾸짖듯 말했어.

"이런 데서 뭘 하는 게야. 저리 가거라!"

그러나 젊은이는 머리를 조아려 인사만 할 뿐 아무 말도 하지 않았지. 그러자 붉은 도포를 입은 노인이 안타까운 듯이 말했어.

"방금 우리가 이 젊은이가 가져온 술과 안주를 먹었으니, 그렇게 박대하지 말게."

그러자 검은 도포를 입은 노인은,

"그럼 저 소년의 수명을 늘려 주자는 말인가? 이 소년의 수명은 태어나서부터 정해져 있네. 자네 명부에 적혀 있는 탄생일과 내 명부에 적혀 있는 죽는 날을 우리 맘대로 고친다면, 이 세상의 질서는 금방 어지러워지지 않을까?"

라고 되받았어.

"그렇긴 하지만, 이미 저 친구에게 실컷 얻어먹은 우리가 아닌가? 그것도 빚은 빚이니 어떻게 해 줘야지 않겠나?"

검은 옷 입은 신선은 하는 수 없이,

"황소고집이군. 여기 수명을 적은 장부가 있으니 자네 생각대로 하게."

라고 말하며 수명 장부를 내주며 승낙하고 말았어.

붉은 도포를 입은 신선은 검은 도포 신선에게 수명 장부를 건네받아 젊은이의 이름을 찾아봤지. 수명 장부에는 젊은이의 수명은 고작 열아홉(十九) 살로 돼 있지 뭐야. 붉은 도포를 입은 신선은 붓을 들어 열십(十) 자에 한 획을 더해 아홉 구(九) 자를 만들었어. 이렇게 해서 소년의 수명은 아흔아홉(九九) 살이 됐지. 아흔아홉 살까지 살 수 있게 된 거야.

젊은이가 돌아와 점쟁이에게 있었던 일을 그대로 말하자, 점쟁이는,

"북쪽에 앉은 검은 도포를 입은 신선은 북두칠성이고, 남쪽에 앉은 붉은 도포를 입은 신선은 남두육성일세. 북두칠성은 죽음을 관장하고, 남두육성은 삶을 관장하지. 인간이 어머니의 배 속에 깃들면, 남두육성은 탄생일을 기록하고, 북두칠성은 사망일을 기록하는 거야."

라고 말하고는 구름처럼 멀리 떠나가더라는데?

3.5 여름의 세모: 견우와 직녀

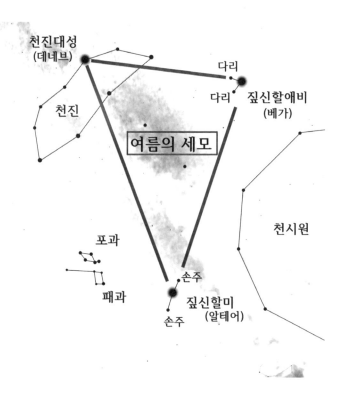

여름밤에는 하늘에서 커다란 정삼각형을 찾아서 다른 별을 찾을 때 길잡이로 삼는다. 직녀별, 견우별, 천진대성을 이으면 커다란 정삼각형이 된다. 직녀별은 서양 별자리로는 거문고자리의 알파별 베가이고, 견우별은 서양 별자리로는 독수리자리의 알파별 알테어이고, 천진대성은 백조자리 알파별인 데네브이다.

직녀별은 우리나라에서는 짚신할애비별이라고 하는데, 옆에 붙은 작은 별 두 개는 짚신할애비의 다리다. 짚신을 삼으려고 다리를 벌리고 앉아 있는 모습이다. 견우별은 우리나라에서는 짚신할미별이라고 하는데, 좌우에 붙어 있는 작은 별 두 개는 짚신할미가 데리고 가고 있는 손주들이다.

짚신할애비별과 짚신할미별과 함께 삼각형을 이루는 밝은 별은 중국 별자리의 천진성에서 가장 밝은 천진대성이다. 천진은 '하늘의 나루터'라는 뜻인데, 기다란 갑판이 은하수를 가로질러 놓여 있는 것 같다.

천진성은 서양 별자리로는 백조자리이며 백조의 날개에 해당한다. 백조자리는 십자가(十) 모양이다. 천진대성은 백조의 꼬리에 해당하며 데네브라는 이름도 꼬리라는 뜻이다. 백조가 은하수를 따라 남쪽으로 날아가고 있는 모습이다.

짚신할미와 두 손주들은 중국 별자리에서는 '하고'라는 별자리이다. 하고란 '은하수의 북'이란 뜻인데, 홍수가 나서 은하수 강물이 넘치면 둥둥하고 울려 댄다고 한다. 짚신할미별은 견우별이기도 하며, 견우별은 중국 별자리에서는 하고대성이다. '하고성의 가장 밝은 별'이란 뜻이다.

그런데 하고대성 남쪽을 보면 조금 흐리기는 해도 이십팔수의 하나인 우수 또는 우성이 있다. 우성은 견우성의 준말이다. 견우성이 둘이라니 어찌 된 일인가? 어느 것이 견우별인가?

결론부터 말하자면, 두 별 모두가 견우성이다. 천문학에서는 우수를 견우성으로 보고 천문을 관측해 왔고, 문학이나 민속에서는 하고대성을 견우별로 보고 시를 쓰고 칠석날 견우직녀 전설을 이야기해 온 것이다. 우수의 기준별이 어두우므로 밝은 하고대성이 직녀별과 더 어울린다고 본 것 같다. 우리는 옛 천문학을 학문적으로 연구할 것이 아니므로 견우와 직녀의 이야기나 칠월칠석이 더 중요하다. 그러므로 이 책에서는 하고대성을 견우별로 간주하기로 한다.

천육백 년 전의 고구려 사람들은 이미 견우와 직녀의 사랑 이야기를 알고 있었다. 서기 408년에 만든 고구려의 덕흥리 고분 속에 견우와 직녀가 생생하게 그려져 있다. 그 그림을 보면, 견우는 소를 끌고 있고 직녀는 발치에 검둥개를 데리고 있다.

음력 7월 7일은 칠석날이다. 견우와 직녀가 일 년에 단 한 번 상봉이 허락된 날이다. 까마귀와 까치가 날아올라 은하수를 가로질러 오작교를 놓아 주면 견우와 직녀가 반갑게 상봉한다. 그래서 까마귀와 까치의 머리가 벗어진다고 한다. 이즈음 우리나라는 가을장마가 오기 때문에 비가 자주 내린다. 그래서 칠석날 하루 전에 내리는 비는 견우가 마차를 씻는 비라고도 하고, 칠석날 당일에 내리는 비는 견우와 직녀가 반가워서 흘리는 눈물이라고도 하고, 그 다음날 내리는 비는 다시 이별하려니 슬퍼서 흘리는 눈물이라고도 한다.

고려시대에도 칠석날은 특별한 날이었던 것 같다. 예를 들어, 고려시대에는 칠석날이 공무원들의 휴일이었다. 칠석과 관련하여 《고려사》에서 가장 눈길을 끄는 기록은 "공민왕이 1353년 칠석날 노국공주와 함께 궁궐의 정원에서 견우와 직녀에게 제사를 지냈다."라는 것이다. 공민왕과 노국공주가 서로 얼마나 사랑했는지 느껴지는 대목이다.

조선시대에는 칠석날 새벽에 부녀자들이 참외, 오이 등의 과일을 상에 올려놓고 절을 하며 길쌈과 바느질 솜씨가 좋아지게 해 달라고 직녀에게 빌었다고 한다. 다른 지방에서는 장독대에 정화수를 떠 놓고 그 위에 재를 담은 쟁반을 올려놓은 뒤 별님에게 바느질 솜씨가 좋아지게 해 달라고 빌었다고도 한다. 이런 풍습을 걸교라고 한다. 걸교(乞巧)는 솜씨를 구걸한다는 뜻인데, 구체적으로는 직녀에게 길쌈과 바느질 솜씨가 좋아지게 해 달라고 비는 것이다.

걸교는 중국 당나라의 시인인 유종원이 지은 〈걸교문〉이란 시를 통해 고려에 전해진 것 같다. 걸교에 대한 언급은 고려시대 사람들의 시에도 자주 등장하기 때문이다. 그러나, 허균이나 신흠의 시를 보면, 걸교는 16~17세기 조선 중기에 실제 풍습으로 유행한 것 같다.

교산 허균(1569~1618)의 문집인 《성소부부고》에 실려 있는 〈궁안의 노래(宮詞)〉라는 시는 궁중에서 벌어지던 연례행사를 읊은 것이다. 그 중에서 칠석날에는 궁중의 여인들이 참외와 과일을 걸교루(칠석날 뜰에 세우고 채색 비단으로 꾸민 누각)에 진설하고 견우에게 제사를 올렸다는 구절이 있다.

상촌 신흠(1566~1628)의 문집인 《상촌선생집》에는 〈걸교사〉라는 시가 있다. 여기에도 걸교의 풍습이 자세히 서술되어 있다. 칠석날 자정 무렵, 아낙들이 오이와 오얏 등의 과일을 차려 놓고, 머리 숙이며 주문을 외며 바느질 솜씨와 복을 빌었다고 한다.

그러나, 비슷한 시기의 사람인 택당 이식(1584~1647)이 작성한 '일본에 보내는 국서'에는 조선에는 그런 풍습이 없다고 하였다. 이 국서는 일본의 풍습과 조선의 풍습을 비교한 것일 터이니, 아마도 택당의 말은 중국식 걸교 그대로가 아니라 조선식으로 변형되어 유행하고 있었다거나, 또는 실제로 그렇게 널리 유행한 풍습은 아니었다는 말로 해석된다.

한편, 선비들은 칠석시를 많이 지었다. 예로부터 우리는 홀수가 두 번 들어간 날을 중요시하여, 1월 1일 설날과 5월 5일 단오는 명절로 쇠었고, 3월 3일 삼짇날, 7월 7일 칠석, 9월 9일 중양절은 비슷하게 중요한 명절로 꼽았다. 특히 칠석날에는 성균관 유생들에게 시제(시의 주제)를 내려 시험을 보았다. 꽤 많은 칠석시가 있지만 대부분 중국의 고사를 인용하는 데 그치고 있다. 그러나 다른 칠석시와는 상당히 결이 다른 시가 있어 소개하고자 한다. 바로 다산 정약용 선생(1762~1836)이 칠석을 맞아, 아마도 그의 아내를 생각하며 지은 시가 아닌가 짐작된다.

나방이 나서 종이 위에 있을 때는 곰실곰실 다정하고 친하지만

그가 누에였을 적엔 아직 혼인이 무엇인지 몰라서

한 자리에 누워도 길 위의 남남 같았지.

제비나 참새도 한 둥지에 살 때는 사랑함이 순수하여

날개를 맞대고 목을 포개며 은근한 정 나누다가

바다로 들어가 조개 돼 버리면 전생은 아예 생각도 안 날걸.

몸이 변하면 세상도 허상이니까, 옛정에 끌릴 리 없겠지.

인차 나와 그대도 내생 인연 없을 거야 뻔한 것 같아

한번 눈 감으면 어둠뿐일 것이고 골육도 재와 먼지 될 것이니.

설사 한 무덤에 묻히더라도 어찌 살아있을 때만 하겠는가?

성격이 밝은 나도 생각할수록 슬프고 괴로운데

그대는 더구나 여인의 마음, 어찌 슬프지 않겠소.

은하수 맑은 저녁 비단처럼 깔리고 별빛은 반짝거리고,

주거니 받거니 풀벌레 울고 뜰에는 대나무에 이슬 맺히는데

옷깃 부여잡고 잠 못 이루며 엎치락뒤치락 밤을 새우겠지.

흐르는 세월에 내 맘도 아파서 눈물 흘려 옷이 젖는다오.

아, 부러워라! 저 구름 속 학. 두 날개 수레바퀴 삼을 수 있으니.

- 〈나방이 나다〉, 1804년 칠석에 정약용 지음

✂ 견우 직녀 이야기

옛날 하늘의 옥황상제에게는 직녀라는 딸이 하나 있었어. 마음씨도 곱고 얼굴도 예쁜데 베를 잘 짠대서 직녀야. 직녀도 어엿한 처녀가 되어 옥황상제는 사윗감을 골라 주려고 했지. 소문을 들어보니 소를 치는 견우란 총각이 착하고 부지런하고 잘생겼다는 거야. 옥황상제는 견우를 사위로 삼았지. 직녀도 견우도 첫눈에 보자마자 서로 좋아하

게 되었어. 둘은 결혼해서 하루하루 행복하게 살았지. 그런 모습을 보는 다른 사람들도 기분이 덩달아 좋아졌지. 옥황상제도 처음에는 좋아했어. 그런데 점점 못마땅하게 여기게 되었는데, 왜냐면 직녀는 베짜기도 잊은 채 견우를 따라다니며 놀기에 바빴고 견우도 빈둥빈둥 놀아서 소들이 제멋대로 돌아다니는 거야.

마침내 옥황상제는 화가 머리끝까지 나서,

"너희들 꼴도 보기 싫다. 이 대궐에서 썩 나가라. 견우는 동쪽으로 가고 직녀는 서쪽으로 가라. 너희는 서로 헤어져 살아라."

감히 누가 옥황상제의 명을 어기겠어. 견우와 직녀는 넓디넓은 미리내를 사이에 두고 서로 눈물을 흘릴 뿐이었지. 그런데 둘이 흘리는 눈물이 땅으로 내리면 엄청난 비가 오게 돼. 그래서 땅 위에는 물난리가 났어. 그렇기도 하고 딸과 사위에게 너무 매정했던 듯해서 마음 아팠던 옥황상제는 벌을 좀 줄여 주었지.

"해마다 한 번 음력 칠월 칠일, 칠석날에는 서로 만나도 좋다."

그래서 견우와 직녀는 해마다 딱 한 번 음력 칠월 칠일 칠석날 만날 수 있게 되었는데, 해마다 그 무렵이 되면 미리내 강물이 많이 불거든. 그래서 둘이 만날 배도 띄울 수가 없어. 그래서 둘이 또 펑펑 울게 되었고, 해마다 그 무렵에 비가 많이 오게 되었지.

그래서 땅 위에 사는 새들이 모두 모여서 의논을 했어.

"견우님과 직녀님을 서로 만나게 해 주어야만 비가 안 올 거야. 우리 새들이 날개가 튼튼하고 높이 날 수 있으니깐 하늘로 올라가 미리내에 다리를 만들어 드리자."

이리하여 해마다 칠석날에는 땅 위의 모든 까치와 까마귀들이 미리내로 올라가 다리를 만들어 주었단다. 그 뒤로는 비가 많이 오지 않는대.

◡- 짚신할애비와 짚신할미

옛날에 젊어 과부가 된 할머니 이야기했지? 일곱 남매가 다리를 놓아 드렸다던 얘기 말야. 착한 일곱 남매가 하늘의 별이 되었는데, 그게 북두칠성이야. 그런데 넷째는 어머니가 마실 다니는 걸 싫어했지. 그래서 북두칠성의 가운데별이 좀 어둡다지?

그 할머니가 짚신할미인데, 남매들이 다 가난해서 늙은 어머니를 보살필 힘이 없었단다. 짚신할미는 애써 키운 아이들에게 짚신 한 켤레도 얻어 신지 못했지. 그래서 짚신할미는 손주 둘을 양손에 잡고 홀애비로 사는 짚신할애비를 찾아가기로 했어. 짚신을 삼아서 그걸로 먹고살아서 짚신할애비야.

짚신할미와 짚신할애비는 짚신을 삼으면서 잘도 살았지. 네 사람은 행복하게 살았다가 모두 별이 되었어. 여름 밤하늘에, 다리를 벌리고 앉아서 열심히 짚신을 삼고 있는 짚신할애비와 양손에 손주를 데리고 짚신할애비에게 가고 있는 짚신할미를 볼 수 있단다.

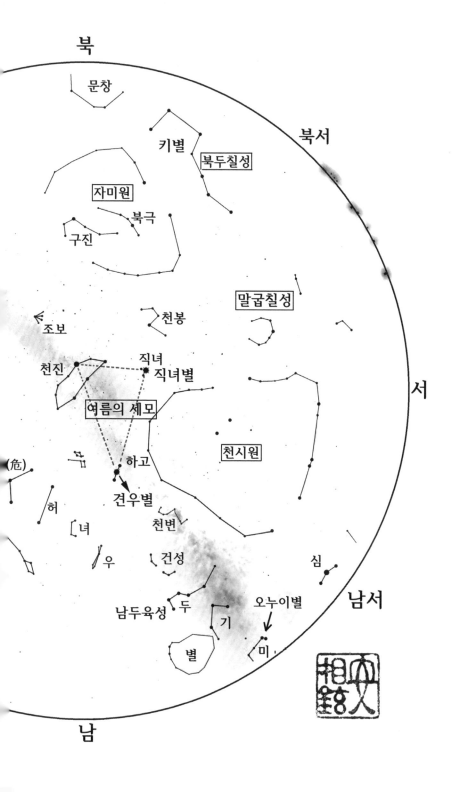

제4장

가을철 별자리

4.1 가을철 별자리 안내

해마다 9월 23일 무렵은 밤과 낮의 길이가 같아지는 추분이다. 저녁에 별 보기 좋은 때다. 저녁 먹고 9시경 밤하늘에는 무슨 별이 떠 있을까?

정수리 위에는 아직 '여름의 세모'가 보인다. 견우별과 직녀별이 밝게 빛나고 있다. 남쪽 하늘에는 북방칠수가 늘어서 있다. 서쪽부터 두, 우, 녀, 허, 위, 실, 벽이다. 동쪽 하늘에는 가을 별이 떠오르고 있다. 또 북쪽 하늘에는 키별과 닻별이 보인다.

가을 별자리 여행의 길잡이는 '가을의 네모'다. 밝은 별들이 큼직한 직사각형을 이루고 있으니 쉽게 찾을 수 있을 것이다. 닻별에서 남쪽으로 조금 내려오면 네모가 보일 것이다.

이 네모는 서양 별자리로는 페가수스자리이다. 중국 별자리로는 실수와 벽수이다. 북방칠수 중에서 마지막 두 수이다.

　서양의 페르세우스자리에 해당하는 태릉과 천선, 문필가들의 별자리인 규수도 기억해 주기를 바란다. 페르세우스자리는 우리 별자리는 아니지만, 조금 뒤에 소개할 바리공주 이야기와 비슷한 대목이 있으므로 여기에 페르세우스 이야기를 싣는다.

　규수의 위쪽 꼭지점 근처에 안드로메다은하가 있고, 태릉과 천선의 꼭지와 닻별 사이에 두 성단이 모여 있는 페르세우스자리 이중성단이 있다. 이런 천체들은 관측 조건이 좋다면 맨눈으로도 보여야 하지만 실제로는 맨눈으로 보기가 거의 불가능하다. 그래서 이런 어두운 천체들은 쌍안경으로 보거나 DSLR 카메라로 찍어야 한다. 조금 뒤에 스마트폰 카메라로 천체 사진 찍는 방법을 한번 배워 보도록 하자.

안드로메다은하와 페르세우스자리 이중성단
안드로메다은하는 M31 또는 NGC 224라고도 부른다. 지구에서 250만 광년 떨어져 있는 이웃 은하다. 페르세우스자리 이중성단은 페르세우스자리(태릉과 천선)와 카시오페이아자리(닻별)의 중간쯤에 있으며, 산개성단 두 개가 아주 가까이 보이는 것이다. 두 산개성단은 별의 개수, 지구에서 떨어진 거리, 나이 등이 비슷하다.

◦ᐸ 페르세우스와 메두사

페르세우스는 제우스와 다나에의 아들이다. 그의 외할아버지인 아르고스의 왕 아크리시오스는 외손자 때문에 자신이 죽게 되리라는 신탁을 받고 외동딸인 다나에를 청동탑에 가두었다. 그러나 다나에는 황금 빗물로 변신한 제우스와의 사이에 페르세우스를 낳아 4살이 될 때까지 몰래 키웠다. 이를 알게 된 아크리시오스 왕은 딸과 외손자를 궤짝에 넣어 바다에 버렸다. 그러나 궤짝은 무사히 세리포스섬까지 떠내려갔고, 거기서 딕티스라는 어부의 그물에 걸려 발견되었다. 딕티스는 페르세우스 모자에게 호의를 베풀었으며 페르세우스를 마치 자기 아들처럼 길렀다.

딕티스의 형인 세리포스의 왕 폴리덱테스는 아름다운 다나에에게 반해서 그녀에게 청혼하려 했다. 그러나 페르세우스가 이를 싫어하였으므로 폴리덱테스는 페르세우스를 없앨 흉계를 내어 모자를 그의 생일잔치에 초대했다. 잔치에 초대받은 사람은 좋은 말을 선물하는 것이 그곳 풍습이었다. 그러나, 페르세우스는 미처 말을 준비하지 못했다. 페르세우스는 "미처 말은 준비하지 못했지만, 무엇이든 소원을 하나 들어드리겠습니다."라고 호기를 부렸다. 폴리덱테스는 기회를 놓칠세라 메두사의 머리를 가져오라고 요구하였다.

메두사는 원래 용모가 예뻤는데 자신의 머릿결이 아테나 여신보다 아름답다고 자랑하다가 아테나 여신의 저주를 받았다. 그녀의 머리카

락은 독사로 변했고 어찌나 흉측한 괴물이 되었던지 그녀를 본 사람은 눈 깜빡할 사이에 모두 돌로 변했다.

페르세우스는 메두사를 찾아 길을 나섰다. 이때 그를 아끼던 전쟁의 여신 아테나가 페르세우스를 헤스페리데스에게 인도하였다. 헤스페리데스 님프들은 세상의 서쪽 끝에 있던 헤라 여신의 과수원을 지키고 있었다. 페르세우스는 헤스페리데스 님프들에게 메두사의 머리를 담을 키비시스라는 자루를 얻었다. 제우스에게는 아다만틴으로 만든 검인 하르페와 지옥의 신 하데스의 투구를 얻었다. 그 투구를 쓰면 모습을 감출 수 있었다. 전령의 신 헤르메스는 날개 달린 샌들을 빌려주었고, 아테나는 뚫리지 않는 청동 방패인 아이기스를 주었다.

도구를 갖춘 다음 페르세우스는 고르곤의 동굴로 날아갔다. 페르세우스는 메두사가 잠들어 있는 틈을 타 하데스의 투구를 쓰고 몰래 접근하여, 메두사를 직접 바라보지 않도록 아이기스에 비치는 모습을 보면서 달려들어 머리를 베어 키비시스 자루에 넣어 버렸다. 메두사의 머리에서는 페가수스가 튀어나왔다.

페르세우스는 도중에 아틀라스를 돌로 만들었다. 그리고 나서 계속 하늘을 날아 세리포스로 돌아오다가 에티오피아를 지나게 되었다. 그 나라는 케페우스 왕과 카시오페이아 왕후가 다스리고 있었다. 카시오페이아가 그녀의 딸 안드로메다의 아름다움을 자랑하다 바다의 님프인 네레이드와 비교하였다. 네레이드의 아버지인 포세이돈이 노하여 괴물 고래인 케투스를 보내 그 나라를 초토화시켰다. 케페우스가 신탁을 받아 보니, 그의 딸 안드로메다를 바다 괴물에게 제물로 바쳐야 한다고 했다. 그래서 딸을 바닷가 바위 위에 묶어 놓았다. 페르세우스가 이것을 보고, 바다 괴물을 아다만틴 검으로 베어 버렸다.

페르세우스는 우여곡절 끝에 안드로메다를 데리고 세리포스로 돌아왔지만 세리포스의 왕 폴리덱테스는 메두사를 죽였다는 말을 곧이 듣지 않았다. 그는 사람들 앞에서 페르세우스에게 망신을 주려고 백성들을 시장으로 모이게 하였다. 이 상황에 화가 난 페르세우스는 어머니 다나에와 은인 딕티스에게 눈을 가리라고 하고 메두사의 머리를 꺼내어 치켜들었다. 폴리덱테스 일당은 모두 돌로 변하였다. 페르세우스는 딕티스를 세리포스의 왕으로 앉혔다.

한편, 페르세우스는 외할아버지인 아크리시오스와 화해하기 위해 아르고스로 찾아갔다. 라리사에서 둘은 화해의 의식으로 원반 던지기를 했는데, 페르세우스의 실수로 그만 원반이 아크리시오스의 발에 맞았다. 그리 큰 부상이 아니었지만 이미 늙어서 쇠약해진 아크리시오스는 그만 그 충격으로 죽고 말았다. 신탁이 실현된 것이다.

페르세우스, 안드로메다, 케페우스, 카시오페이아 등은 모두 하늘의 별자리가 되었다. 또한, 가을 밤하늘에 뜨는 페가수스자리, 고래자리 등도 모두 이 이야기와 관련된 별자리들이다.

4.2 큰머슴별과 작은머슴별

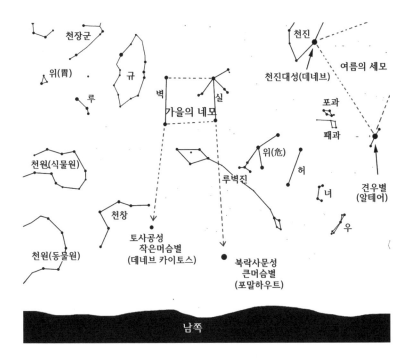

가을 별자리 여행의 길잡이가 될 '가을의 네모'를 찾아보자. 가을의 네모에서 서쪽(오른쪽) 두 별이 가리키는 방향을 따라 남쪽으로 내려오면, 밝은 별 하나가 외롭게 빛나고 있을 것이다. 이 별은 중국 별자리로는 북락사문성이다. 북쪽 마을에 있는 군사들이 드나드는 문이라는 뜻이다. 서양 별자리로는 남쪽물고기자리의 알파별인 포말하우트라는 별이다.

가을의 네모에서 동쪽(왼쪽) 두 별이 가리키는 방향을 따라 남쪽으로 내려오면, 또 다른 밝은 별 하나가 외롭게 빛나고 있을 것이다. 이 별은 중국 별자리로는 토사공성이다. 토목공사의 책임을 맡은 별이다. 이 별은 서양 별자리로는 고래자리에서 고래의 꼬리에 해당한다. 백조자리의 꼬리를 데네브라고 했듯이, 고래의 꼬리는 데네브 카이토스이다.

북락사문성과 토사공성 부근에는 밝은 별이 없어서 조금 외로워 보인다. 이 별들은 각각 큰머슴과 작은머슴에 해당하는 별로 소개할까 한다. 작은머슴이 못된 큰머슴의 버릇을 고쳐준 우리 옛이야기가 있다. 북락사문성이 토사공성보다 밝으니, 북락사문성을 큰머슴이라 하고 토사공성을 작은머슴이라고 하자. 큰머슴별은 아마 성질이 고약해서 주변에 친구가 없는 듯하다. 또, 작은머슴이 하늘로 올라갈 때, 함께 데려간 큰 소 한 마리가 있다. 중국 별자리로는 천창성, 즉 '하늘의 곳간별'이지만, 어쩐지 소를 닮은 것도 같다.

⚡ 못된 머슴을 혼내 준 별

옛날에 어느 마을에 덩치가 크고 힘이 장사인 머슴이 살았단다. 다른 머슴들은 도저히 힘으로 이 머슴을 당해 낼 수가 없었어. 큰머슴은 자기 힘을 내세워 주변의 모든 일감을 다 차지했어. 더군다나 벼농사를 짓는데 중요한 물꼬도 독차지했지. 또 덩치 큰 일꾼은 주인을 꾀어 마을의 소를 모두 세내 버렸어. 일감을 구하지 못한 다른 사람들은 가난에 시달렸지. 하지만 힘으로는 도저히 큰머슴을 당해 낼 수가 없었어. 사람들은 땅이 꺼져라 한숨을 쉬면서 심지어 하늘을 원망하기도 했어.

그러던 어느 날 마을에 덩치가 아주 작은 일꾼이 하나 나타나 품을 팔려고 했단다. 마침 큰머슴의 미움을 샀기 때문에 일꾼을 구하지 못하던 논 주인이 있었어. 이 사람이 작은머슴에게 논일을 맡겼단다.

그 집에는 크고 사나운 소가 있었는데, 이 소는 어찌나 사나운지 큰머슴도 부리지 못했어. "농사를 지으려면 소가 있어야 하는데 마침 잘됐군." 작은머슴은 소를 끌고 농사를 짓기 시작했어. 작은머슴이 먼저 큰 소에게 여물을 줘. 다른 사람들은 큰 소가 무서워서 여물통에 여물을 넣어서는 멀찍이 떨어져서 여물통을 슬그머니 들이밀어 넣었지. 하지만 덩치 작은 일꾼이 큰 소 옆에 다가가면 무슨 신비한 힘을 지녔는지 오히려 소가 무서워서 벌벌 떠는 거야. 물론 사람들은 어찌 된 영문인지도 몰랐지. 이렇게 해서 작은머슴은 큰 소를 부려서 농사를 지을 수 있었어.

농사를 지으려면 논에 물을 대야 했어. 그래서 작은머슴은 큰머슴과 물대기 힘겨룸을 했지. 큰머슴은 작은머슴을 얕보고 덤벼들었단다. 그러다가 작은머슴에게 단지 손목만 잡혔는데도 큰머슴은 손목을 빼내지 못해. 물대기 힘겨룸은 덩치 작은 일꾼의 일방적인 승리로 끝났단다. 그래 논에 물을 대서 미뤄 오던 모내기도 제때에 끝낼 수 있었지.

큰머슴은 작은 소로 농사를 지어. 일손이 모자라도 한참 모자라. 다른 머슴들은 고소하다면서 팔짱을 끼고 난 몰라라 할 뿐이었지. 물대기 힘겨룸에 졌기 때문에 논에 물도 제대로 못 대. 큰머슴은 하늘에서 내리는 비만 기다리고 있었어. 결국 큰머슴은 그만 농사를 망쳐 버렸지. 작은 일꾼은 큰 소도 부리고 사람들도 도와주고 해서 수월하게 농사를 지어 풍년이 들었지. 그리고 그 대가로 받은 품삯을 죄다 가난한 사람들에게 나눠줬어.

큰머슴은 결국 크게 손해를 보고 한밤중에 쫓기듯 도망쳤단다. 덩치 작은 일꾼은 사람들에게 작별인사를 했어. 그러면서 "이 큰 소는 갖고 있어 봤자 부리지도 못할 테니 품삯 대신 내가 데리고 가겠소." 했대. 사람들은 어디로 가는지 물었지.

"나를 보려면 가을 하늘에서 네모난 창문을 찾으시오. 동쪽 두 별을 잇는 선을 아래로 늘이다가 만나는 제일 빛나는 별 하나가 바로 나요. 그리고 그 큰머슴은 서쪽 두 별을 잇는 선을 늘여서 남쪽으로 가다 보면 보이는 아주 덩치 큰 별이오."

큰머슴별이 바로 북락사문이라 부르는 별이야. 자기 힘만 믿고 아량을 베풀지 않던 큰머슴은 하늘에서도 주변에 친구별이 없지. 가을 네모의 동쪽에 있는 두 별을 잇는 선을 따라 남쪽으로 내려오면 보이는 조금 작은 별이 바로 작은머슴별이야. 이 별을 토사공성이라고 불러. 또 덩치 작은 일꾼이 끌고 간 큰 소는 바로 옆에 있는 천창성이야.

4.3 스마트폰 카메라로 별자리 사진 찍기

준비물: 스마트폰, 삼각대

① 소형 스마트폰 삼각대에 스마트폰을 부착한다. 삼각대는 작아도 상관이 없지만 튼튼해서 흔들리지 않아야 한다.

② 카메라 앱을 켜면 옆의 그림과 같은 화면이 나온다. 여기서 다음의 두 가지를 조작한다.

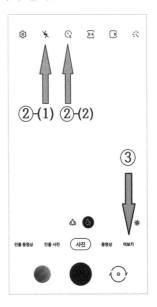

   (1) 맨 위에 있는 ②-(1)로 표시한 번개 부호를 눌러서 플래시가 자동으로 터지지 않도록 한다.

   (2) 그 옆에 ②-(2)로 표시한 시계 부호를 눌러서 지연 노출을 설정한다. 2초나 3초 지연이면 충분하다. 스마트폰 카메라의 촬영 버튼을 손가락으로 터치할 때 카메라가 흔들리지 않게 하려는 것이다.

③ 이제 옆의 그림에서 ③으로 표시한 '더보기'를 누르면 다음과 같은 화면이 나온다.

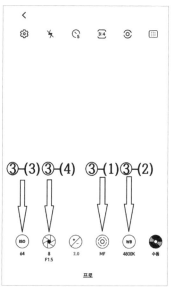

이 화면에서 ③으로 표시한 '프로'를 누르면 그 옆의 전문가 모드로 들어간다. 이 상태에서 다음과 같이 초점, 화이트 밸런스, ISO 감도, 노출 시간 등을 조정한다.

(1) 초점: 오른쪽 그림에서 ③-**(1)**로 표시한 버튼을 눌러서 초점을 맞춘다. AF(자동초점)는 카메라가 자동으로 초점을 맞춰준다는 것인데 천체 사진을 찍을 때는 사용할 수 없다. 천체 사진을 찍기 위해서는 MF(수동초점)로 맞추고 山표시가 되도록 초점을 설정한다.

(2) 화이트 밸런스(WB): 화이트 밸런스는 사진 속 흰색 물체가 정확하게 흰색이 되도록 해 주는 기능이다. 위의 오른쪽 그림

에서 ③-(2)로 표시한 버튼을 눌러서 화이트 밸런스(온도)를 3500~4500 사이로 맞춘다.

(3) ISO 감도: ISO 감도는 카메라의 센서가 빛에 얼마나 민감하게 반응하느냐를 나타내는 숫자다. ISO 숫자가 클수록 어두운 것까지 보이지만 노이즈가 많이 생겨서 사진이 지저분해진다. 반대로 ISO 숫자가 작을수록 사진에 노이즈가 줄어들어서 깨끗한 사진을 얻을 수는 있지만 어두운 천체는 나오지 않게 된다. 위의 오른쪽 그림에서 ③-(3)으로 표시한 버튼을 눌러서 ISO 숫자를 조절할 수 있다. 적당히 400보다 작은 범위에서 숫자를 바꿔 가면서 노출 시간과의 조합으로 별 사진이 가장 잘 나오는 ISO 값을 찾는다.

(4) 노출 시간: 위의 맨 오른쪽 그림에서 ③-(4)로 표시한 버튼을 눌러서 노출 시간을 조절한다. 노출 시간은 너무 짧으면 별이 찍히지 않고 너무 길면 별이 흘러서 길쭉하게 나온다. 노출은 대개 10초보다 짧게 주는데 길어도 15초보다는 짧아야 한다. 또한 ISO 감도가 높으면 짧은 노출을 주고, ISO 감도가 낮으면 긴 노출을 준다. 이렇게 긴 노출을 줘야 하므로 반드시 삼각대가 필요하다. 손으로 들고 찍으면 별이 흔들려서 제멋대로 선을 그린 것 같은 사진이 찍힌다. 노출을 너무 많이 주면 하늘이 하얗게 타고, 너무 적게 주면 별이 찍히지 않는다.

④ 삼각대에 고정한 스마트폰을 찍고자 하는 천체로 향하게 고정하

여 바닥에 놓는다.

⑤ 촬영 버튼을 누른다. 지연 노출이 지나면 노출이 시작되고, 노출 시간이 지나면 찍힌 사진이 화면에 나타난다.

⑥ 사진을 확인해 보고 만족스럽지 않으면 ISO 감도와 노출을 다른 값으로 바꿔 가면서 사진을 다시 찍는다. 이러한 작업을 되풀이 하면서 가장 찍힌 사진을 얻는다.

◆ 공기 중에 습기나 미세먼지가 많거나 구름이 끼어서 배경 하늘이 전체적으로 뿌옇다면 아무리 노출 시간과 감도를 잘 조정해도 하늘이 하얗게 나오고 별이 잘 나오지 않을 수도 있다.

◆ 소형 디지털카메라도 비슷한 방식으로 천체 사진을 찍을 수 있다.

◆ 크고 비싼 전문가용 DSLR이나 미러리스 카메라도 기본적인 원리는 모두 같고 다만 초점을 맞출 때 밝은 별을 확대해서 화면으로 보면서 그 별이 가장 선명하게 보이는 순간을 찾아 초점을 맞춘다.

◆ 주의 사항!
인터넷이나 책에서 흔히 보는 멋진 천체 사진은 스마트폰이 아니라 매우 비싼 망원경, 적도의, 행성 카메라, 전용 필터 등을 갖추고 밤하늘이 어둡고 대기가 조용한 곳에서 찍은 것이다. 스마트폰으로 찍은 사진이 그런 멋진 사진만큼 절대 나올 수 없으므로 실망하지 말기 바란다. 스마트폰 카메라로는, 처음에는 별자리를 확인하는 데 집중하고, 그다음에 맨눈으로는 보이지 않는 은하수, 성운, 성단, 소행성 같은 천체가 있는지 확인해 보는 정도면 대성공이다.

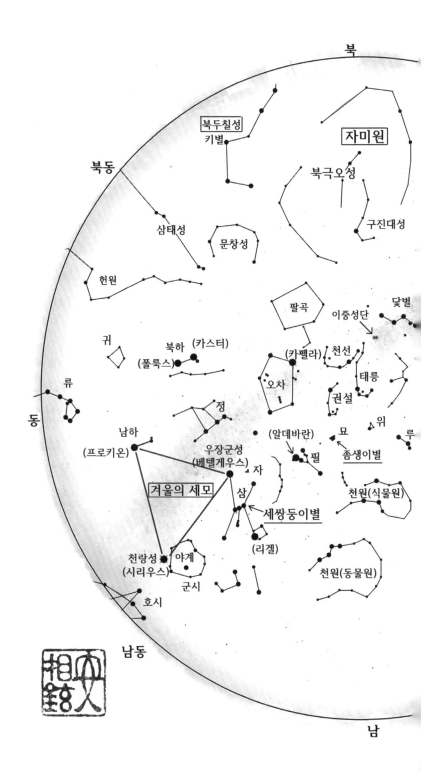

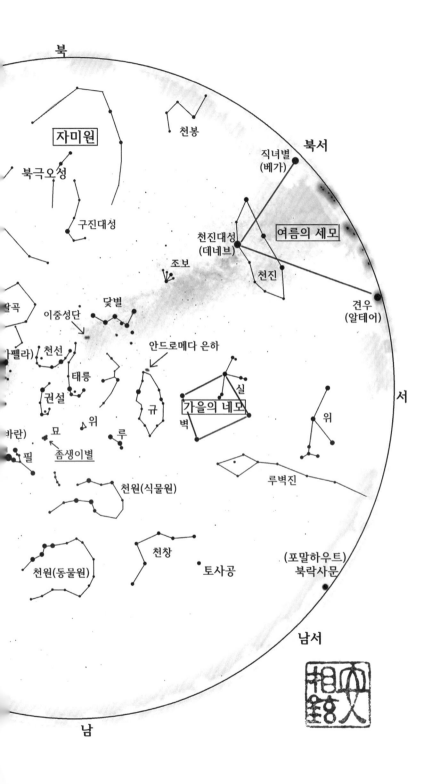

제5장

겨울철 별자리

5.1 겨울철 별자리 안내

해마다 12월 21일 무렵은 밤이 가장 긴 동짓날이다. 겨울 밤하늘엔 밝은 별이 많다. 저녁 9시경 밤하늘에는 무슨 별이 떠 있을까?

서쪽 지평선으로는 여름의 세모가 넘어가고 있고, 가을의 네모도 서쪽으로 기울어가고 있다. 정수리 위에는 서양의 페르세우스자리인 태릉과 천선이 있다. 닻별도 정수리 쪽에 떠 있다. 이 별자리들을 잇는 선을 따라 가을 은하수가 흐른다.

동쪽에는 겨울 별이 찬란하게 떠오르고 있다. 가장 앞장서 떠오르는 별은 오각형 모양의 오차성이다. 서양의 마차부자리다. 밝은 별들이 오각형을 이루고 있어서 어렵지 않게 찾을 수 있을 것이다.

그 아래에는 겨울을 알리는 전령사 좀생이별이 있다. 좀생이별은 얼핏 보면 흐릿한 솜털 같아 보이지만, 자세히 보면 예닐곱 개의 별이 옹기종기 모여 있다. 별이 좀스럽게 모여 있다고 해서 좀생이별이라고 한다. 관측 여건이 최고로 좋을 경우, 별을 열네 개까지도 볼 수 있다고 한다. 시력이 좋은 사람일수록 더 많은 별을 볼 수 있으므로, 자기 시력이 얼마나 좋은지 한번 시험해 보기 바란다. 좀생이별은 쌍안경으로 보면 아주 멋진 모습을 감상할 수 있다.

좀생이별은 서양에서는 플레이아데스라고 한다. 아틀라스와 플레이오네 사이에 태어난 일곱 딸이다. 그래서 칠자매별이라고 부른다. 중국 별자리로는 이십팔수의 서방칠수 가운데 하나인 묘수이다.

묘수(좀생이별)의 단짝은 알파벳 Y 자를 닮은 필수다. 필수는 '토끼 잡는 뜰채 그물'이라고 한다. 고구려 덕흥리 고분에는 독특하게도 알파벳 V 자 모양으로 그렸다. 서양 별자리로는 황소자리의 일부이며 Y 자는 황소의 뿔과 얼굴을 이룬다.

그 뒤를 이어 겨울 밤하늘을 대표하는 삼수가 보인다. 나비처럼 또는 장구처럼 생긴 별자리니까 어렵지 않게 찾을 수 있을 것이다. 삼수는 서양의 오리온자리에 해당한다. 서방 백호의 앞부분이고 오리온 사냥꾼의 몸과 다리이다. 그 중간에 쌍둥이 같은 세 별이 한 줄로 놓여 있는데, 중국에서는 별이 세 개라 해서 석 삼[參][15] 자를 써서 삼수라고 한 것이며, 우리나라에서는 이것을 '세쌍둥이별'이라고 한다.

---

15) 석 삼은 흔히 三이라고 쓰지만 二와 헷갈릴 수 있으므로 參이라고 쓴다.

동쪽 하늘에는 매우 밝은 별 세 개가 정삼각형 모양을 이루고 있다. 이것이 겨울 밤하늘 여행의 길잡이 노릇을 하는 '겨울의 세모'이다. 삼수의 우장군성, 천랑성, 그리고 남하대성이 세모를 이루고 있다. 서양의 별 이름으로는 각각 오리온의 베텔게우스, 큰개자리의 시리우스, 작은개자리의 프로키온이다. 큰개와 작은개는 사냥꾼 오리온이 데리고 다니는 개들이다.

그 위에 있는 밝은 별 두 개는 마치 쌍둥이 같다. 서양 별자리로는 쌍둥이자리의 머리에 해당하는 카스터와 폴룩스라는 별이니까 진짜 쌍둥이별이 맞다. 중국 별자리로는 북하성을 이룬다. 북하성과 남하성은 각각 세 별로 되어 있다.

세쌍둥이별의 동남쪽을 보면, 너무나 밝아서 마치 이글이글하는 듯한 별이 하나 보인다. 우리나라에서 보이는 가장 밝은 별이다. 중국 별 이름은 천랑성, 하늘의 늑대란 뜻이다. 서양 별자리로는 큰개자리의 알파별인 시리우스이다.

이 늑대는 그 옆에 있는 닭을 노리고 있다. 야계성이 그 닭이다. 늑대로부터 닭을 보호하기 위해 동그란 닭장을 만들어 두었다. 그 둥근 닭장은 군시성, 즉 군인들의 시장이니, 사실은 군사들이 닭을 지켜 주고 있는 셈이다. 또한 그 아래에 있는 호시성은 활과 화살이다. 늑대가 닭을 잡아먹지 못하도록 화살을 겨누고 있는 것이다.

천랑성 남쪽에는 노인성이 있다. 우리나라 본토에서는 잘 볼 수 없고 제주도에 가야 맑은 날 간신히 볼 수 있는 별이다. 늦가을에는 새

벽 여섯 시쯤, 겨울에는 한밤중에, 그리고 초봄에는 늦저녁에 남쪽 수
평선 위에 나타난다. 이 별을 보면 건강하게 오래오래 살 수 있다고 한
다. 노인성은 타이완이나 베트남이나 인도네시아 등 남쪽으로 갈수록
더 높이 떠올라서 잘 볼 수 있다.

　고려 시대에, 현재 평양에서 노인성을 보았다는 보고가 올라와 조정
의 벼슬아치들이 임금에게 축하를 드렸다는 기록이 나온다. 평양에서
는 노인성이 보일 리가 없다. 아마도 평양의 지방관이 임금에게 아첨
을 하려고 거짓으로 꾸며서 보고한 것이 아닌가 짐작된다.

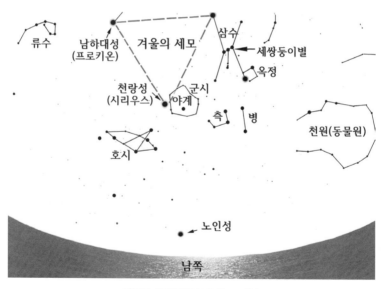

제주도 서귀포에서 보이는 노인성

노인성은 추분 무렵엔 새벽에, 동지 무렵엔 한밤중에 춘분 무렵에는 저녁에, 남쪽 수평선 위에
낮게 떴다가 진다.

노인성을 주인공으로 한 민화가 있다. 우리가 '수성노인도'라고 부르는 것이다. 이 그림에는 옛이야기가 얽혀 있다. 중국 송나라 철종 때, 머리가 매우 커다란 할아버지가 저잣거리에 나타났는데, 술에 취하면 "내가 노인성인데, 사람으로 현신했노라."고 주절거리며 다녔다고 한다. 그래서 수성 노인도를 보면 머리가 문어 대가리처럼 길쭉하게 생긴 모습으로 그려진다.

한편, 노인성과 관련하여 서춘 스님 이야기가 있다. 바닷가 마을에서 사람들이 자꾸 고기잡이 나갔다가 죽는 일이 생기자, 이를 불쌍히 여긴 서춘 스님이 자기 몸을 희생하여 별이 되어 폭풍을 미리 알리게 되었다는 이야기다. 이 이야기는 일본의 별자리 이야기이며, 서춘(西春)은 일본말로 니시하루라고 부른다.

5.2 좀생이별

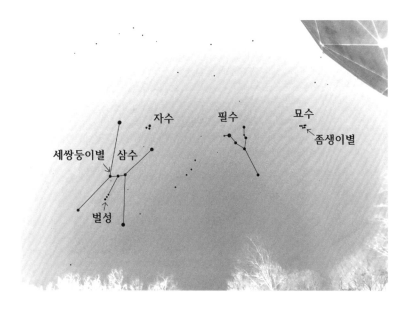

해마다 정월 대보름이면, 우리는 새벽에 부럼도 깨물고 오곡밥도 먹는다. 옛날에는 이날 좀생이별도 보았다. 좀생이별을 보고 그해가 풍년일지 흉년일지를 점치는 것이다. 좀생이별이 무엇일까? 겨울철 밤하늘에 조금 솜털처럼 뿌옇게 보이는 별이 보일 것이다. 나비넥타이를 닮은 서양의 오리온자리를 쉽게 찾을 수 있을 텐데, 이 오리온자리는 중국에서는 이십팔수 가운데 하나인 삼수에 해당한다. 서방 백호의 앞부분을 이루고 있다.

오리온자리에서 오리온의 허리띠에 해당하는 세 별은 우리 별자리로는 세쌍둥이별이다. 세쌍둥이별의 서쪽을 보면 알파벳의 V 자를 닮은 별자리가 있다. 이 별자리는 중국 별자리로는 필수라고 한다. 토끼를 잡는 그물을 뜻한다. 좀생이별은 그 서쪽에 별이 좀스럽게 옹기종기 모여 있는 것이다. 별이 모여 있어서 부옇게 보인다. 이 별은 중국 별자리로는 묘수라고 부른다.

좀생이별을 보고 어떻게 농사의 풍흉을 점쳤을까? 좀생이별은 아이들이고 보름달은 엄마라고 생각해 보자. 정월 대보름날, 만일 보름달이 좀생이별보다 서쪽에 있으면 서쪽으로 가는 엄마를 아이들이 배고프다고 따라가는 셈이니까 '올해는 흉년이 들어 먹을거리가 부족하겠구나.' 하고 점을 친다. 반대로 보름달이 좀생이보다 동쪽에 있으면 아이들이 배가 불러서 즐겁게 노래하며 엄마를 따라가는 셈이니까 '올해는 풍년이 들어 먹을거리가 풍족하겠구나.' 하고 점을 친다.

유몽인(1559~1623)의 《어우야담》에는 다른 방식으로 점을 쳤다는 이야기가 있다.

> 옛날 우리나라에서는 정월 대보름날 달을 보고 그해 농사가 잘 될지 못될지 점을 쳐 보았다. 달이 좀생이별보다 북쪽에 있으면 산골에 풍년이 들고, 달이 좀생이별보다 남쪽에 있으면 바닷가에 풍년이 든다고 생각했다. 달빛의 색깔로도 점을 쳤는데, 달빛이 붉으면 가뭄이 들까 걱정했고, 달빛이 희면 장마가 들까 걱정했다. 달이 크고 짙은 황색이면 큰 풍년이 들 것으로 보았다.

왜 좀생이라고 할까? 별들이 좀스럽게 모여 있다고 그런 이름이 붙었다. 나중에 소개할 바리공주 이야기에 따르면, 장인을 살려 보려는 노력은 하지 않고 뒷방에 모여서 쑥덕거렸던 여섯 사위들이 좀생이별이 되었다고 한다.

좀생이는 중국 별자리로는 묘수인데, 《천문류초》에 따르면 서방 백호가 거느리고 다니는 새끼 호랑이 가운데 하나다. 일본에서는 좀생이별을 '스바르'라고 한다. 한 일본 자동차의 이름이기도 하고, 일본 국립천문대가 하와이 마우나케아에 구경 8미터짜리 대형 천체망원경을 짓고 인터넷 공모를 통해 지은 망원경 이름이기도 하다.

ᕙ 술취한 노인 (일본 별자리 전설)

옛날에 스바르라는 노인이 살았는데, 술 마시기를 무척 좋아했다. 이 노인이 하루는 어느 주막에 가서 곤드레만드레가 되도록 술을 마셔대고는, 주막집 주인인 사카마스에게 땡전 한 푼 주지 않고 도망갔다. 그러자 사카마스가 스바르를 쫓아갔고, 마침내 서쪽 하늘가에서 간신히 따라잡는 데 성공했다.

여기서 스바르는 좀생이별이고, 또 사카마스는 오리온자리의 아랫부분을 이루는 별들이다. 스바르 노인은 술에 취했기 때문에 뿌옇게 보이는 것이며, 오리온자리의 아랫부분은 네모난 술됫박을 닮아서 그렇게 부른다고 한다. 또한, 동쪽에서 떠오를 때는 스바르가 사카마스보다 약간 서쪽에 있어 앞서가지만, 서쪽으로 질 때는 스바르와 사카마스가 거의 동시에 진다. 사카마스가 스바르를 따라잡은 것이다.

동부 시베리아에 사는 축치족은 오리온자리의 별들을 사냥꾼이라고 본다. 이 사냥꾼은 사냥감인 플레이아데스와 쌍둥이자리의 별들을 뒤쫓고 있다. 쌍둥이자리는 엘크 사슴 두 마리라고 본다. 또한 사냥꾼의 아내가 사냥꾼을 도와 이 사냥감을 양쪽에서 몰고 있다. 바로 사자자리가 사냥꾼의 아내다. 또한 사냥꾼의 아내에서 북쪽을 보면, 돌팔매꾼들이 여우 한 마리를 뒤쫓고 있다. 북두칠성이 돌팔매꾼이고 카시오페이아가 여우이다.

좀생이별은 서양에서는 '플레이아데스'라고 한다. 그리스 신화에 따르면, 아틀라스와 플레이오네의 일곱 딸이다. 그래서 플레이아데스를 칠자매별이라고 부른다. 아틀라스는 거인족인 티탄이고 플레이오네는 바다의 님프 요정이다.

1609년에 이탈리아의 갈릴레오 갈릴레이는 작은 천체망원경을 만들어서 역사상 처음으로 우주를 관찰하였다. 망원경으로 우주를 관찰하면 어두워서 맨눈으로는 보이지 않는 별까지도 볼 수 있다. 갈릴레오가 망원경으로 플레이아데스를 봤더니 그 안에는 별이 무려 서른여섯 개나 있었다. '아! 별이 이렇게 많이 한군데 모여 있어서 맨눈으로 보면 마치 솜털같이 보이는 것이로구나.' 플레이아데스성단은 쌍안경으로 보면 약간 푸르스름한 별이 옹기옹기 모여 있어서 천문애호가들이 좋아하는 천체다.

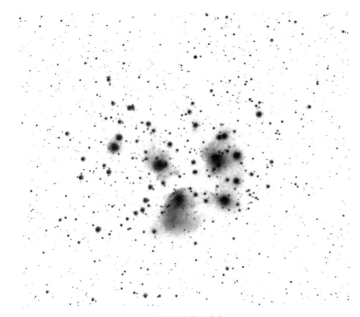

플레이아데스성단
지구에서 비교적 가까운 산개성단으로 444광년 떨어져 있다. 큰 망원경으로 볼 수 있는 어두운 별까지 합치면 약 1,000개의 별이 모여 있는 것이다.

그 후 망원경의 성능이 점점 좋아지면서 훨씬 더 어두운 별까지 볼 수 있게 되었다. 플레이아데스에 속한 별의 개수도 점점 더 늘어났다. 또한, 이 별들은 우연히 그냥 모여 있는 것이 아니라, 서로의 중력으로 묶여서 한데 모여 있는 것임을 알게 되었다. 천문학자들은 그래서 이러한 천체는 한꺼번에 함께 생겨난 것임을 알게 되었고 '성단'이라는 천체로 분류하고 있다.

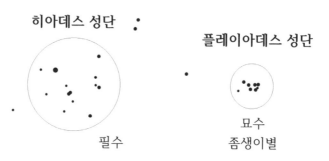

최근에는 우주에 망원경을 띄워 올려서 천체를 관측한다. '가이아'라는 우주망원경은 천체의 위치를 극도로 정밀하게 측정하는 것이 목적이다. 이 망원경으로 관측한 결과, 플레이아데스성단에는 1,000개 정도의 별이 들어 있음을 알게 되었다.

한편 필수 부근에도 좀생이별보다는 좀 더 듬성듬성하지만 많은 별이 모여 있는 것 같지 않은가? 맨눈으로는 잘 보이지 않으므로 스마트폰으로 찍은 것이 위의 사진이다. 필수는 V 자를 이루는 별들만 있는 줄 알았는데 훨씬 더 많은 별이 있고, 그 별들이 필수 부근에 모여 있는 것이 분명해 보인다.

스마트폰으로 찍은 별자리 사진을 업로드하면 거기 찍힌 별과 별자리가 무엇인지 확인해 주는 인터넷 사이트가 있다.

https://nova.astrometry.net/upload

이 사이트에 가서 jpg 파일로 된 별사진을 업로드하면, 그 별사진이 어느 곳을 찍은 것인지, 그 안에 보이는 별을 모두 찾아서 그 별이름을 확인해 주고, 별자리도 확인해 준다.

필수 부근의 별들도 그 거리를 측정해 보았더니 모두 한곳에 모여 있는 성단임을 알 수 있었다. 우리는 이것을 '히아데스성단'이라고 부른다. 히아데스성단은 지구에서 150광년 정도 떨어져 있고, 플레이아데스성단은 그 세 배인 450광년 떨어져 있다. 그래서 히아데스가 훨씬 크게 보이는 것이다.

필수의 가장 밝은 별인 '필대성'은 서양에서는 '알데바란'이라고 부르는데, 재미있게도 이 별은 히아데스성단에 속한 별이 아니다. 이 별은 지구에서 겨우(?) 65광년 떨어져 있어서 다른 별보다 훨씬 밝게 보이는 것이다.

(가) 별자리 사진

(나) 별자리 사진에서
별을 찾아 준다.

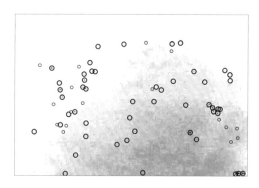

(다) 찾은 별이 무슨 별
인지 확인하고 별
자리도 찾아 준다.

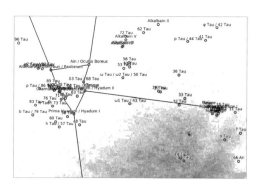

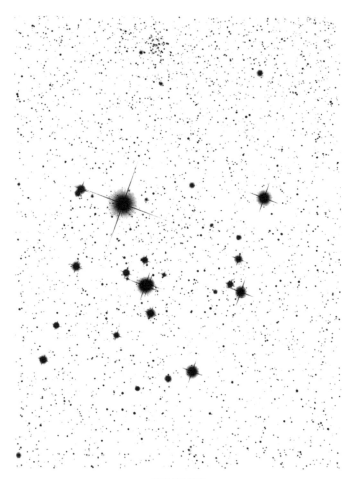

히아데스성단

지구에서 매우 가까운 산개성단으로 153광년 떨어져 있으며, 약 300개의 별이 모여 있는 것이다.

5.3 세쌍둥이별

세쌍둥이별은 겨울 밤하늘을 대표하는 별이다. 세쌍둥이별은 오리온의 허리띠에 해당한다. 그 아래에 조금 어두운 별 셋이 세로로 늘어서 있는 걸 볼 수 있다. 이것은 오리온이 차고 다니는 단도인데, 중국별자리로는 정벌한다는 뜻의 칠 벌[伐] 자를 써서 '벌성'이다. 그런데 삼수와 벌성을 함께 생각해 보면, 마치 사람 인[人]이란 한자와 비슷한 모양이다. 그래서 고구려 사람들은 이 두 별자리를 단짝처럼 생각했다.

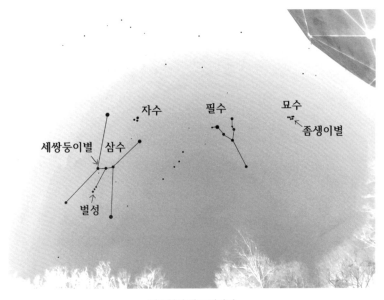

겨울철의 대표 별자리

좀생이별(묘수), 필수, 세쌍둥이별(삼수)이다. 세쌍둥이별과 벌성은 사람 인[人] 자 모양을 이루며, 겨울철 별자리를 대표한다. (한국천문연구원 대덕전파망원경 옆에서 촬영)

한편, 삼수의 맞은편 하늘에는 동방칠수의 방수와 심수가 있다. 방수는 네 별이 세로로 늘어선 모양인데, 맨 밑에 있는 별이 좀 어둡고 나머지 세 별은 밝기가 비슷하다. 그래서 방수의 이 세 별과 심수의 세 별을 함께 보면, 그것은 한자의 들 입[入] 자 모양처럼 보인다. 그래서 고구려 사람들은 방수와 심수를 단짝처럼 붙여서 생각했고, 또한 삼벌과 방심을 서로 거울 보듯 마주 보는 천체로 연관 지어 생각했다.

이처럼 '방심'과 '삼벌'은 모양도 비슷하고 하늘의 정반대 쪽에 있다. 앞에서 우리는 사이가 나빴던 형제, 알백과 실침에 대한 이야기를 들었었다. 이 형제가 너무 심하게 싸워서 옥황상제가 서로 최대한 멀리 떨어뜨려 놓았다는 중국의 신화였다.

서양에서는 어떨까? '방심'은 서양의 전갈자리이고 '삼벌'은 오리온자리이다. 그리스 신화에 따르면, 오리온은 아폴론이 보낸 전갈에게 물려 죽었다. 그래서 다시는 전갈에 물리지 않도록 서로 최대한 멀리 떨어뜨려 놓았다고 한다.

> 오리온은 사냥꾼인데, 바다의 신인 포세이돈의 아들이었습니다. 달의 여신인 아르테미스와 사랑하는 사이였습니다. 그러나 아르테미스의 오빠인 태양의 신 아폴론에게 미움을 받아 전갈에 물려 죽고 맙니다. 아폴론이 오리온과 전갈을 하늘로 올려서 별자리로 만들었는데, 둘이 서로 마주칠 일이 없도록 하늘의 맞은편에다 두었답니다.

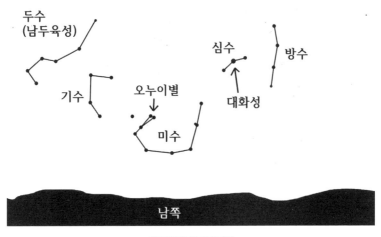

여름철의 대표 별자리

방수, 심수, 미수는 서양의 전갈자리를 이룬다. 미수의 끝에 있는 두 별은 오누이별이다. 기수와 남두육성은 서양의 궁수자리이다. 방수와 심수는 들어갈 입[入] 자 모양을 이루며, 여름철 별자리를 대표한다.

    결론적으로 '방심'과 '삼벌'은 모양이 비슷하고 서로 정반대 하늘에 있으며, 각각 동방칠수와 서방칠수를 대표하는 별이라고 볼 수 있다. 그러면 우리는 약수리 고구려 고분 벽화에 그려진 청룡 위의 입[入] 자 모양 별자리와 백호 위의 인[人] 자 모양 별자리가 각각 동방칠수와 서방칠수를 대표하는 것으로 이해할 수 있다. 고구려 사람들도 이십팔수의 뜻을 잘 알고 있었음을 짐작할 수 있다.

    일본에서는 오리온자리의 나비넥타이를 장구별이라고 부르기도 한다. 그 모양이 우리의 장구와도 닮았으므로 왜 그런 이름으로 부르는지 쉽게 짐작할 수 있다. 한편, 오리온자리의 일부 별로 구성된 일본 별자리와 별자리 이야기가 있다. 우리 주변 나라에도 나름의 별자리와 별자리 이야기가 있음을 알 수 있다.

☌ 의좋은 자매(일본 별자리 이야기)

아주 오랜 옛날에 의좋은 자매가 살고 있었다. 어느 날 자매는 마을 뒷산에 있는 약수 샘터에서 물을 길어 물통을 짊어지고 집으로 향하고 있었다. 언니가 앞장을 서고 동생은 힘껏 언니 뒤를 따르고 있었다.

그런데 하늘에서 갑자기 이상한 밧줄이 내려오면서 자매는 마법의 주문에 걸리게 되었다. 자매는 주문에 홀려서 제 뜻대로 움직일 수 없어 도망도 가지 못하고, 하늘에서 내려오는 신비한 마법에 이끌려 그 줄을 붙들고 하늘로 올라갔다.

자매는 주문에서 빠져나와 집으로 돌아가기 위해 무던히 애를 썼다. 그러다가 겨우 주문에서 풀려나긴 했지만, 딱하게도 동생은 그 와중에 그만 발목을 삐고 말았다. 결국 정신없이 도망치다가 자매는 서로 헤어졌다.

마법에서 풀려난 언니는 달님이 되어 하늘의 별 사이를 자유롭게 돌아다니다가 집으로 들어가 쉬었다 나오곤 했다. (이것은 달이 별자리 사이를 움직여서 땅속에 들어가서 쉬는 모양을 말한다.) 하지만 발목이 삔 동생은 언니를 따라가려고 발버둥치지만 제자리를 맴돌 뿐이었다.

오리온자리에서 오리온의 허리띠 부분, 그러니까 우리나라의 세쌍둥이별은 동생의 어깨와 물통이다. 또 그 아래에 있는 부분, 즉 서양 별자리에서는 오리온이 차고 다니는 단도로 보는 부분, 또한 중국에서는 벌성이라고 보는 부분은 동생의 다리이다. 동생은 다친 다리가 아파서 치마 밖으로 한쪽 다리를 내놓고 있고, 또 그 가운데별이 뿌연 이유는 다친 발목이 부었기 때문이라고 한다. (천체 사진을 보면 이 가운데별이 피멍이 든 것처럼 붉게 보인다. 이 불그스름한 부분이 오리온대성운이다.)

삼수의 가운데 세 별은 그리스 신화에서는 오리온의 허리띠라고 하고 유럽에서는 세 명의 왕이라고도 한다. 우리나라에서는 이 세 별을 '세쌍둥이별'이라고 부른다. 당금애기가 낳은 세쌍둥이다. 어려운 시험을 다 통과하여 마침내 아버지를 찾고 어머니까지 함께 모여서 하늘의 별이 되었다. 아버지는 북두칠성, 어머니는 삼태성, 그리고 세쌍둥이들은 세쌍둥이별이 되었다고 한다.

☌ 당금애기와 세쌍둥이별 이야기

해동 조선에 만년 장자가 살았는데, 아들을 아홉이나 낳고 딸 하나 점지해 달라고 명산대천에 치성을 드려서 마침내 딸을 하나 얻으니 이름을 당금애기라 지었단다. 금이야 옥이야 고이고이 키워 내어 당금애기는 처녀가 되었지. 어느 날 부모는 산천 유람 가고 아홉 오래비들은 한양으로 나랏일 돌보러 갔어. 집에는 당금애기랑 금단춘과 명산군이라는 두 하녀만 남아 있었단다.

그때 서천서역국에서 불도를 닦은 세준님이 세상을 유랑하다 해동 조선까지 왔어. 이름 높은 당금애기 이야기를 듣고 만년 장자네 열두 대문 앞에 와서 동냥을 하는 거야. 염불 주문을 외니 열두 대문이 스르렁 스르렁 열려.

"이 바랑에 쌀 좀 채워 주십시오."

마음씨 착한 당금애기는 금단춘에게 창고 안 쌀독에서 시주하라고 했지.

"어떤 쌀로 드릴까요? 아버지 잡수시던 쌀로 드릴까요?"

"그 쌀은 누린내 나서 못 씁니다."

"그럼 어머니 잡수시던 쌀로 드릴까요?"

"그 쌀은 비린내 나서 못 먹겠습니다."

"그러면 오래비들 먹던 쌀로 드릴까요?"

"그 쌀은 땀내 나서 안 됩니다."

"그러면 어떤 쌀로 드릴까요?"

"당금애기씨 자시던 쌀로 손수 서 말 서 되 서 홉을 담아 주시오."

당금애기는 하는 수 없이 곳간으로 들어가 자기 쌀독을 열고 깨끗한 쌀로 서 말 서 되 서 홉을 떠다가 바랑에 쏟았지. 그런데 쌀이 주루룩 땅바닥에 흘렸지 뭐야.

"어찌 밑 빠진 바랑을 가지고 동냥을 다니시오?"

당금애기는 얼른 바랑을 기우고 빗자루로 땅에 쏟아진 쌀을 쓸어 담으려 했단다.

"시주하시는 쌀은 정갈해야 하니, 싸리 젓가락으로 한 톨씩 주워 담아야지요."

당금애기는 하는 수 없이 후원에서 싸리나무를 꺾어다가 젓가락을 만들어서 땅에 떨어진 쌀을 한 톨 한 톨 주워 담았어.

그러는 사이에 날이 저물어 버렸지.

"날이 저물었으니 하룻밤 자고 가게 해 주시오."

당금애기가 하릴없이 방을 내주려는데,

"아버지 주무시던 방을 드리리까?"

"그 방은 누린내가 나서 못 잔다오."

"어머니 주무시던 방을 드리리까?"

"그 방은 비린내가 나서 못 잡니다."

"그럼 오래비들 자던 방을 드리리까?"

"그 방은 땀내가 나서 못 잔다오."

"이 방 저 방 다 싫다면 어느 방을 드리리까?"

"당금애기씨 자는 방의 윗목에 병풍을 쌍쌍이 둘러쳐 놓고, 아가씨는 병풍 안에서 주무시고 저는 병풍 밖에서 잠을 자겠습니다."

얼마나 지났을까. 당금애기 꿈을 꾸다 새벽 닭 울음소리에 깜짝 놀라 벌떡 깼어. 오른쪽 어깨에 달을 얹고 왼쪽 어깨에 해가 얹었다가 맑은 구슬 세 개를 얻었는데, 구슬 셋을 가지고 놀다가 꿀꺽 삼키는 꿈이었어.

자리에서 떨치고 일어난 세준님도 길을 나서는데, 당금애기가 해몽이나 해 달라고 세준님을 붙잡더래.

"귀한 아이를 낳을 꿈이니 아이들을 낳거든 부디 잘 키우고, 아이들이 아비를 찾으면 이 박씨 세 알을 심으라 하시오."

얼마 뒤 당금애기의 부모가 명산 유람에서 돌아오고 오래비들도 나랏일 끝내고 한양에서 돌아왔지. 그런데 얼마 뒤 당금애기에게 태기가 있더니 점점 배가 불러오는 거야. 아버지는 불같이 화를 냈지. 오래비들이 칼로 내리쳤지만 칼이 두 동강이 나. 도끼로 내리쳤더니 튕겨 나가더래. 보다 못한 어머니가 울먹이며,

"당금애기를 뒷산 바위 굴에 가두면, 이 아이가 옳은지 그른지는 하늘만이 알 일이니, 죄가 있으면 벌을 내릴 것이요 죄가 없으면 살릴 터이다."

오라비들이 당금애기를 굴에 가두고서 손을 털며 집으로 향하는데 푸른 하늘에서 난데없이 천둥 번개가 치더니만 흙비와 돌비가 쏟아지기 시작했어. 아홉 오라비는 두 다리가 땅에 붙어 옴짝달싹하지 못한 채 흙비 돌비를 맞고 쓰러졌지.

흙비 돌비가 며칠을 쏟아지자 발을 동동 구르던 어머니는 날이 개자마자 뒷산으로 뛰어 올라갔지. 굴을 열어 보니 그 안에 당금애기가 아이 셋을 품고 있는 거야!

"그 여린 몸으로 어찌 혼자서 아이를 셋이나 낳았단 말이냐! 집으로

가자꾸나. 하늘이 너를 살렸는데 누가 너를 해칠쏘냐?"

당금애기는 후원 별당에서 세쌍둥이를 키우게 되었단다. 세쌍둥이가 무럭무럭 자라나 나이 일곱이 되어 글공부를 시작했는데, 어려운 책도 척척 읽고, 활쏘기, 말타기도 척척 해내는 거야. 친구들이 샘을 낼 정도였지.

"그런데 너희 아버지는 어디 있니?"

친구들의 이런 질문에 대답할 게 없었던 세쌍둥이는 마음이 상해서 엄마인 당금애기에게 물었어.

"새나 짐승도 다 아비가 있사온데 우리 아버지는 어디 계신가요?"

당금애기는 때가 온 줄 직감하고 고이고이 간직해 온 박씨 셋을 내주었단다. 아이들이 박씨를 심으니까 덩굴이 어울렁 더울렁 자라는 거야. 세쌍둥이가 당금애기를 가마에 태우고 그 덩굴을 따라가는데 박덩굴이 산 넘고 물 건너 머나먼 서쪽나라 서천서역 땅으로 가더니 황금산 황금사의 작은 암자 앞에 당도했단다. 그 암자에서 준수하게 생긴 세준님이 나오는 거야. 삼형제가 세준님한테 달려들면서 소리쳤지.

"아버지! 우리 아버지 맞지요?"

그러자 세준님이 정색하면서 말했어.

"너희들이 내 자식이 맞다면 뒷동산에 올라가 죽은 지 삼 년 된 소뼈를 주워다가 살려내서 거꾸로 타고 오너라."

삼형제가 소뼈를 주워 모아 정성껏 쓰다듬으니 살이 불쑥불쑥 돋아났어. 그러더니 음메음메 울음을 울더니 힘차게 삼형제를 태워 왔지.

"이번에는 지푸라기로 닭을 만들어 살아 움직이게 해 보거라."

삼형제가 바로 지푸라기로 닭을 만들고 숨을 불어넣으니 닭이 힘차게 퍼덕이며 '꼬끼오' 하고 우렁찬 울음을 우는 거야.

"아직도 부족하다. 손가락의 피를 내어 이 그릇에 담아 봐라."

삼형제가 피를 내어 그릇에 흘리니 세준님도 피를 내어 그릇에 흘렸다. 그러자 네 사람의 피가 안개처럼 몽실몽실 하더니 똘똘 뭉쳐졌단다.

"그래. 너희들은 내 자식이 분명하다."

비로소 온 가족이 얼싸안고 기쁨의 눈물을 흘렸지.

세준님은 아이들에게 형불, 재불, 삼불이라고 이름을 붙여 주고 삼불제석 제석신을 삼아 세상 사람들을 구원하고 복을 나누어 주는 일을 맡게 했단다. 또 어머니 당금애기는 집집마다 아이를 점지하고 순산하도록 도와주고 병 없이 자라게 돌봐 주는 삼신할미가 되었지.

세쌍둥이, 당금애기, 세준님은 모두 무지개를 밟고 하늘로 올라가 별이 되었어. 삼수의 세 별이 바로 세쌍둥이별이야. 세쌍둥이는 태어날 때는 하나씩 차례로 태어났지만 죽을 때는 셋이 함께 죽었단다. 그래서 지금도 세쌍둥이별은 동쪽에서 뜰 때는 하나씩 차례로 뜨고 질 때는 모두 함께 진다고 해. 또 세준님은 북두칠성이 되고 삼신할미는 삼태성이 되었다지.

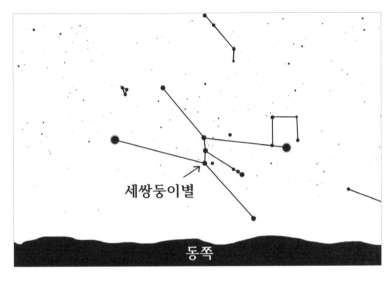

세쌍둥이별

동쪽

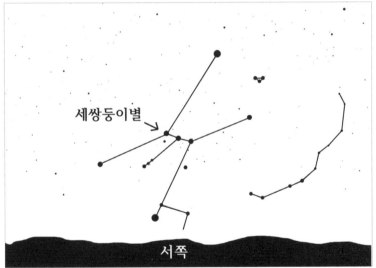

세쌍둥이별

서쪽

5.4 바리공주

바리공주 이야기는 원래 무당들이 굿을 하면서 부르는 노래로 전해 내려왔다. 요즘 사람들에게는 낯설고 때론 무서워할 수도 있을 것 같다. 또한 함경도부터 제주도까지 전국에 널리 퍼져 있는데, 그 줄거리와 등장인물이 상당히 다양하다. 바리공주 이야기를 들으면, 그리스 신화에 나오는 페르세우스가 생각난다. 이를테면, 바리공주는 한국의 여자 페르세우스이다. 신탁을 받고, 바다에 버려지고, 자기가 감당하기 버거운 수수께끼를 풀거나 임무를 수행해야 한다. 또한 이들을 도와주는 힘센 존재가 있다. 역경을 극복하고 사람들을 구하는 영웅이 되며, 그 과정에서 배우자를 만나 가정을 이룬다. 또한 방해꾼들의 방해도 멋지게 물리친다. 그리고 별이 된다.

☌ 바리공주

옛날 옛적에 불라국이라는 나라가 있었습니다. 불라국의 임금은 오구대왕이었습니다. 그는 우여곡절 끝에 열여섯에 왕위에 올랐고, 그럭저럭 나라는 태평하였습니다. 그러나 왕비 자리가 비어 있었으므로 신하들은 오구대왕에게 왕비를 맞이할 것을 청하였습니다. 그리하여, 나라 안에서 어질고 아름답기로 소문난 길대부인을 왕비로 정하였습니다. 오구대왕은 시녀를 시켜 용하기로 이름난 천하궁의 가리박사에게 길한 혼례 날짜를 점치도록 하였습니다.

"대왕마마의 나이 열일곱이고 중전마마는 열여섯이니 금년에 혼례를 올리시면 일곱 공주를 낳으실 것이요, 내년에 혼례를 올리시면 왕자 셋을 얻게 되실 것입니다."

라는 점괘를 내놓았습니다. 이를 전해 들은 오구대왕은,

"점쟁이가 용하다 한들 어찌 세상 모든 일을 알겠느냐? 일 분이 일 년 같고 하루가 열흘 같다. 혹시 올해로 날짜를 잡아라."

라고 명하였습니다. 결국 오구대왕은 점괘를 무시하고 그해 칠월 칠석에 혼례를 올렸습니다.

그 후 삼 년이 지난 어느 날, 길대부인은 태몽을 꾸었습니다. 길대부인이 자고 있던 대명전에 달이 떠오르더니 오른손에 파란 복숭아꽃 한 가지를 꺾어 들고 있는 꿈이었습니다. 천하궁의 가리 박수가 해몽을 했는데,

"중전마마께서 태기가 있으심은 분명하오나 공주님을 낳으시겠습니다."

라고 하였다. 오구대왕은,

"점쟁이가 용하다고 해도 어찌 세상 모든 것을 맞추겠느냐?"

라며 무시하였습니다. 길대부인이 열 달을 고이 채워 아이를 낳았으나 가리 박수의 점괘대로 공주였습니다. 오구대왕은,

"공주가 태어났으니 이제 태자도 태어나지 않겠느냐?"

라며 공주에게 천상금이라는 이름을 지어 주고 금이야 옥이야 고이 길렀습니다.

또 세월이 흘러 길대부인은 또 태몽을 꾸었습니다. 길대부인이 자고 있는 대명전 방 안으로 칠성별이 떨어지더니 오른손으로 붉은 복숭아 꽃 가지를 꺾어 쥐고 있는 꿈이었습니다. 또 가리 박수가 해몽을 했는데,

"중전마마는 또 공주님을 낳으시겠습니다."

라고 하였다. 오구대왕은,

"점쟁이가 용하다고 해도 어찌 세상 모든 것을 맞히겠느냐?"

라고 무시하였습니다. 길대부인이 열 달을 고이 채워 아기를 낳았으나 이번에도 공주였습니다. 오구대왕은,

"공주가 태어났으니 다음에는 태자도 태어나지 않겠느냐?"

라며 둘째 공주에게 지상금이란 이름을 지어 주고 고이 길렀습니다.

그러나 오구대왕의 기대와는 달리, 셋째도 공주를 낳았습니다. 셋째 공주는 해금이라고 이름을 지어 주고 귀하게 길렀습니다. 넷째도 공주를 낳아 달금이라고 이름을 지어 주었고, 다섯째도 공주를 낳아 별금이라고 이름을 지어 주었습니다. 여섯째는 왕자가 태어날 줄 알았건만 또 공주가 태어났으므로 석금이라고 이름을 지어 주었습니다.

이렇게 연거푸 딸만 여섯을 낳고 보니, 오구대왕과 길대부인은 '아들을 낳아야 임금 자리를 물려줄 텐데….'라며 걱정이 태산 같았습니다.

그러던 어느 날 밤에 길대부인은 몹시 길한 꿈을 꾸었습니다. 대명전 대들보에 청룡과 황룡이 엉켜 있는데, 길대부인의 양어깨에 해와 달이 돋는 꿈이었습니다.

"아무래도 이번에야말로 태자를 낳을 것이 분명하구려."

오구대왕은 기대에 부풀어 기쁨을 감추지 못했습니다. 길대부인은 행여나 부정을 타지나 않을까 해서 자리도 가려서 앉고 음식도 가려 먹고 못된 말은 하지도 듣지도 않았습니다. 이렇게 갖은 정성을 다하여 열 달을 고이고이 채워서 마침내 해산을 하는데, 오색구름을 대명전을 두르고 방 안에 향기가 진동하였습니다. 마침내 아기가 응아 하는 소리를 내며 태어났습니다. 그런데 이게 무슨 일이람? 이번에도 또 선녀 같은 딸이었습니다.

길대부인이 강보에 싸인 아기를 보더니 깜짝 놀라,

"이것이 웬일이냐. 공들여 낳은 자식이 또 딸이라니!"

라며 대성통곡을 하였습니다. 오구대왕도 일곱째도 공주를 낳았음을 알고 너무나도 화가 났습니다.

"내가 무슨 죄를 지었기에 옥황상제는 내게 공주만 일곱을 점지하였단 말인가? 차라리 일곱째 공주는 서해 용왕에게 바치리라."

오구대왕이 옥장이를 궁궐로 불러들여 옥으로 함을 만들게 하였습니다. 태어난 공주를 옥함에 넣어서 서해 바다에 던져 버리려는 것이었습니다. 길대부인이 그 말을 듣고,

"혈육을 버리려 하다니, 대왕은 참 모질기도 하시구려. 기왕에 버리려면 이름이라도 지어 주시오."

"던질 것이니 던질데기, 버릴 것이니 바리데기라. 아이 이름은 바리데기라 하시오."

길대부인이 천에다가 '불라국 칠공주 바리데기'라고 쓰고 아기의 생월생시, 대왕마마와 중전마마의 생월생시를 모두 적어 옷고름에 매주었습니다. 옥함 위에는 '불라국 칠공주 바리데기'라고 새겼습니다. 그리고는 아기를 옥함에 넣고 금거북 자물쇠를 채운 다음 신하를 불러 그것을 서해 바다에 던져 버리라고 명했습니다.

신하가 옥함을 짊어지고 서쪽으로 천 리를 가니 너른 서해 바다에 다다랐습니다. 신하는 안타까운 마음이 들었습니다. 그러나 임금의 명령을 어길 수 없어서 바리데기를 넣은 옥함을 서해 바다에 던졌습니다. 그러나 옥함이 다시 둥실 떠오르는 것이었습니다. 옥함을 다시 던졌지만 또다시 떠올랐습니다. 세 번째 던지자 어디선가 금거북이 나타나더니 옥함을 등에 지고 사라졌습니다.

그때 석가여래가 삼천 제자와 함께 인간 세상을 구제하러 나왔다가 바닷가에서 신비로운 빛이 공중에 뻗은 것을 보았습니다. 석가여래가 가 보니 거기에 옥함이 있고 그 위에 '불라국 칠공주 바리데기'라고 적혀 있었습니다. 석가여래가 주문을 외니 옥함의 금거북 자물쇠가 덜컹하고 열렸습니다. 그 안에는 예쁜 여자 아기가 방긋방긋 웃고 있었습니다.

"남자아이라면 제자로 삼겠지만 여자아이라서 누구에게 길러 달라고 부탁해야겠다."

그때 마침 두 노인이 다가왔습니다. 석가여래가,

"너희는 귀신이냐 사람이냐?"

"저희는 공덕을 쌓고 사는 비리공덕 할미와 비리공덕 할애비입니다."

"너희들은 무슨 공덕을 쌓았느냐?"

"배고픈 사람에게 밥을 주고, 목마른 사람에게 물을 주고, 옷 없는 사람에게 옷을 주고, 집 없는 사람에게 집을 주고, 아픈 사람에게 약을 주고, 절을 짓고, 물 깊은 곳에는 다리를 놓는 공덕을 쌓았습니다."

"기특하도다. 그런데 공덕 중에서 가장 큰 공덕이 무엇인고?"

"젖 없는 아기를 데려다 기르는 것이 가장 큰 공덕입니다."

"그렇지! 이 아기는 아주 귀한 아기이니 데려다 길러 공덕을 쌓거라."

"저희는 봄부터 가을에는 들에 살고 겨울에는 동굴에 삽니다. 그러니 어떻게 이런 귀한 아기를 데려다 기른다는 말씀입니까?"

"이 아기를 데려다 기르면 저절로 집도 생기고 옷과 밥이 절로 생길 것이다."

"감사합니다. 그렇게 하도록 하겠습니다."

비리공덕 할미와 할애비가 옥함에서 아기를 안아 올려 이리저리 얼려보다가 돌아보니 난데없는 초가삼간이 저절로 지어져 있었습니다. 비리공덕 할미와 할애비는 그제야 아까 그분이 석가여래였음을 깨닫고 합장하며 감사를 드렸습니다.

비리공덕 할미와 할애비는 거기서 아기를 키웠습니다. 바리데기는 세 살에 말을 배우고, 다섯 살부터 공부를 시작하여 여덟 살이 되니 배우지 않은 것도 스스로 척척 알았습니다. 그렇게 십 년을 공부하여 바리데기가 열다섯 살이 되니 세상의 이치에 다 통달하게 되었습니다.

그때 오구대왕과 길대부인은 이 생각 저 생각에 근심만 가득하더니 덜컥 병이 들었습니다. 용하다는 의원을 다 부르고 좋다는 약은 다 써봤지만 소용이 없었습니다.

하루는 오구대왕이 시녀더러,

"전에 그 점쟁이가 용하더구나. 가서 점을 봐 달라고 하라."

시녀가 가리 박사에게 복채를 두둑하게 주고 대왕과 왕비의 장래를 점치게 하였더니,

"해는 동해에 떨어지고 달은 서해에 떨어졌으니, 양전 마마 한날한시에 승하하실 것입니다."

오구대왕이 이 말을 듣고 낙담하여,

"종묘사직은 누구에게 전하며, 만백성은 누굴 의지할고?"

하고 두 눈에서 눈물을 흘렸습니다. 그러다가 잠시 잠이 들었는데, 꿈에 청의동자가 나타났습니다.

"양전 마마 잡으러 저승에서 황건역사가 오고 있습니다."

"무슨 죄가 있어 우릴 잡아간다는 말입니까?"

"하늘이 내린 자손을 버린 죄입니다."

"어찌하면 살 수 있습니까?"

"이승의 의술이나 약으로는 방법이 없습니다."

"그럼 저승에 방법이 있다는 말입니까?"

"서천서역국의 약수를 마셔야만 살 수 있습니다."

"저승을 무슨 수로 다녀온다는 말씀입니까?"

"바리공주를 버린 곳을 찾아가 보시오."

청의동자는 이렇게 말하고 어디론가 온데간데없이 사라졌습니다.

오구대왕은 잠에서 깨어 길대부인에게 꿈 이야기를 하였습니다.

길대부인이 이야기를 다 듣더니,

"저는 그동안 우리 막내 바리공주가 살았는지 죽었는지도 모르는 것이 한이었습니다. 모질게 버린 자식에게 저승에 가서 약수를 구해 달라고 부탁하기는 면목이 없습니다. 다만 우리가 한날한시에 죽는다고 하니 죽기 전에 바리공주나 한번 보고 죽으면 원이 없겠어요."

"그러면 우리 신하들에게 바리공주를 찾아 달라고 해 봅시다."

오구대왕은 신하들을 불러들여 물었습니다.

"바리공주를 찾아오면 천금을 상으로 주고 높은 벼슬을 주겠노라."

"공주님은 서해 바다에 던져 버렸는데 어디서 찾는다는 말입니까?"

신하들은 너 나 할 것 없이 못 가겠노라고 했습니다. 그때 한 신하가 나섰습니다.

"아뢸 말씀이 있습니다."

가만히 보니, 그때 오구대왕의 명을 받고 바리공주를 버리고 온 신하였습니다.

"소신이 밤마다 천기를 보니 서쪽 하늘가에 밤이면 상서로운 기운이 공중에 뻗고, 낮이면 상서로운 안개가 자욱합니다. 아마 그곳에 공주님이 계신 것 같습니다. 제가 가서 공주님을 모셔오겠습니다."

오구대왕과 길대부인은 크게 기뻐하며 신하에게 천리마 한 필과 바리공주 생일과 생시를 적어 주었습니다. 그리하여 그 신하는 천리마를 타고 바리공주를 찾아 길을 나섰습니다. 십오 년 전 가던 길을 떠올리며 서해 바다 바닷가의 바리공주 버린 곳으로 가 보았습니다. 바닷가를 헤매고 다니다가 어느 곳에 다다랐는데, 초가삼간 집이 하나 있고 상서로운 기운이 나오고 있었습니다. 그 신하가 그 집에 바리공주가 있음을 직감하고 주인장을 부르니 안에서 비리공덕 할애비와 할미가 나왔습니다.

"그대는 귀신인가 사람인가? 여기는 날짐승 길짐승도 못 들어오는데!"

"저는 십오 년 전에 서해 바다에 버린 바리공주님을 찾으러 왔습니다."

"무슨 증표를 가져왔습니까?"

"여기 바리공주님의 생일과 생시가 있습니다."

비리공덕 할미가 그것을 받아서 바리공주의 저고리에 달려 있던 표

지와 맞춰 보니 바리공주의 생일과 생시가 틀림이 없었습니다. 바리
공주가 그 이야기를 듣더니,

"생일과 생시가 없는 사람이 어디 있겠소? 이것만으로는 안 되니 다
른 증거를 가져오시오."

신하는 천리마를 타고 궁궐로 되돌아가서 오구대왕과 길대부인의
무명지에서 피를 내어 은쟁반에 받아 왔습니다. 바리공주가 은쟁반을
받아 들고 자신의 무명지에서 피를 내어 한데 합쳤더니 피가 구름같
이 몽실몽실하더니 서로 한데 엉키는 것이었습니다.

"우리 부모님이 분명하다."

바리공주가 신하와 함께 궁궐로 돌아오니, 오구대왕이 바리공주의
두 손을 부여잡고,

"네가 미워서 버린 것이 아니라 홧김에 버렸구나. 정말 미안하다. 그
동안 추워 어찌 살았는가? 더워 어찌 살았는가? 무엇을 먹고 살았느
냐?"

"추워도 어렵고 더워도 어렵고 배고픔도 어려웠지만, 비리공덕 할
애비 할미의 공덕으로 살았습니다."

오구대왕과 길대부인은 얼마나 기뻤던지 잠시 병도 잊고 불라국의
나라 잔치를 베풀었습니다.

그러나 얼마 뒤에 오구대왕과 길대부인의 병은 더욱 심해졌습니다.
그날 저녁에 딸들을 모두 불렀습니다.

"우리 부부가 하늘의 명을 어기고 결혼을 서둘러 하고 또 바리공주를 버린 죄로 이렇게 병이 났단다. 가리 박수가 점을 쳐보니 한날한시에 죽게 된다고 한다. 이 병을 고치려면 인간 세상에는 약이 없고 서천서역국에 가서 약수를 길어 와야 한다."

이렇게 그간 있었던 일을 말하고 첫째 공주에게 물었습니다.

"천상금아, 서천서역국에 가서 약수를 구해 오려느냐?"

"어마마마, 서천서역국은 죽은 사람이나 가는 곳인데, 거기서 약수를 구해다가 사람을 살릴 것 같으면 이 세상에 죽을 사람 하나도 없겠습니다. 그런 말 듣지 마시고 아바마마 돌아가시기 전에 옥새를 어느 사위에게 주실지 그 말씀이나 여쭈어보십시오."

"아이고, 요망하구나. 듣기 싫다. 나가거라."

"둘째 딸, 지상금아. 네가 가려느냐?"

"어마마마, 저는 못 갑니다. 키울 때도 시집갈 때도 맏이라고 언니만 위해 주더니 이럴 때만 저를 찾습니까? 그런 말 듣지 마시고 아바마마 돌아가시기 전에 어느 사위에게 땅을 주시려는지 그 말씀이나 여쭈어보십시오."

"아이고, 요망하구나. 듣기 싫다. 나가거라."

"셋째 딸, 해금아. 네가 가려느냐?"

"저도 못 갑니다. 저는 해산할 날이 오늘내일해서 못 갑니다."

"넷째 딸, 달금아. 네가 가려느냐?"

"저도 못 갑니다. 우리 시아버지 돌아가셔서 상복을 입고 있어 못 갑니다."

"다섯째 딸, 별금아. 네가 가려느냐?"

"저도 못 갑니다. 낼 모래 시누이 시집가서 음식을 준비해야 합니다."

"여섯째 딸, 석금아. 네가 가려느냐?"

"저도 못 갑니다. 시집간 지 얼마 안 돼서 갈 수 없습니다."

라며 모두 핑계를 대며 거절하였습니다.

"아이고, 다 그만둬라. 호의호식으로 키웠더니 아무도 약물을 길러 가지 않겠다고? 더구나 대왕마마 승하라면 나라 차지 땅 차지할 궁리나 하느냐? 이 천하에 몹쓸 자식들아."

라며 딸들을 모조리 쫓아냈습니다.

"일곱째 공주 바리데기야. 이런 부탁을 하자니 면목이 없구나. 하지만, 혹시 약수를 구하러 서천서역국에 가겠느냐?"

"소녀는 부모 은덕에 호의호식은 못 했지만, 복중에서 열 달 동안 키워 주신 은혜만으로도 충분합니다. 서천서역국에 가서 약수를 길어 오겠습니다."

"무엇을 해 주랴?"

"멀고 험한 길을 다녀와야 하니 아무래도 여자 옷보다 남자 옷이 좋겠습니다. 남자가 입는 비단 바지, 비단 저고리, 버선을 해주십시오. 또 길이 험하니 무쇠 두루마기, 무쇠 패랭이, 무쇠 신, 무쇠 지팡이를 만들어 주십시오."

그리하여 바리공주는 남자의 차림을 하고, 거기에 무쇠 두루마기 두르고, 무쇠 패랭이를 쓰고, 무쇠 신을 신었습니다. 약수를 담을 무쇠 장군을 무쇠 지게로 지고 무쇠 지팡이를 짚으니 서천서역국으로 떠났습니다.

바리공주는 몸져누운 부모님과 작별하고 궐문 밖을 나섰습니다. 그러나 어디로 갈지 몰랐습니다. 바람이 부는 데로 가기도 하고 까치를 따라가기도 하고 나뭇가지 뻗은 쪽으로 가기도 했습니다. 그렇게 무거운 무쇠 장군을 무쇠 지게로 지고 헤매고 다니느라 머리는 먼지로 덕지덕지 발은 굳은살로 덕지덕지해졌습니다. 그러다가 한 곳에 다다르니 할아버지 한 분이 소를 끌고 끝도 없는 밭을 갈고 있었습니다.

"할아버지, 서천서역국 가는 길 좀 알려 주세요."

"이 너른 밭을 갈기도 바빠서 길을 가르쳐 줄 시간도 없다."

"그럼 제가 대신 밭을 갈아 드릴 테니 길을 알려 주세요."

할아버지에게 고삐를 건네받아 이리 비틀 저리 비틀 겨우 한 고랑 밭을 갈았는데 아직도 천 고랑이나 남았습니다. 바리공주는 기가 막혀 펑펑 울고야 말았습니다. 그때 큼지막한 두더지 한 마리가 나타나 물었습니다.

"무슨 일로 울고 있습니까?"

"부모님 살릴 약수를 길러 서천서역국에 가는데 이 밭을 다 갈아야 알 수 있답니다."

"아하, 그 일은 걱정하지 마세요."

하더니 두더지는 연기처럼 사라졌습니다.

잠시 뒤 갑자기 하늘에 구름이 끼고 돌개바람마저 불더니 우르르르 소리와 함께 두더지 떼가 나타나 이리저리 땅을 헤집어 어느새 천 고랑이나 되는 밭이 다 갈려 있었습니다.

"두더지들아, 고맙다."

이렇게 밭을 다 갈아 주었더니 농부 할아버지가 길을 가르쳐 주었습니다.

"저쪽으로 열두 고개를 넘어가 보렴. 거기에 있는 아주머니가 길을 알려 줄 거다."

바리공주는,

"할아버지, 고맙습니다."

라며 절하고 고개를 들어 보니 할아버지는 이미 온데간데없었습니다.

할아버지가 가르쳐 준 대로 열두 고개를 넘어 천 리나 되는 길을 걸었습니다. 바리공주가 한 곳에 다다르니 진짜로 아주머니 한 분이 산더미만큼 벼를 쌓아 놓고 방아를 찧고 있었습니다.

"아주머니, 서천서역국에 가는 길 좀 가르쳐 주세요."

"이 많은 방아를 찧기도 바빠서 길 가르쳐 줄 시간도 없다."

"그럼 제가 대신 방아를 찧어 드릴게요."

바리공주가 방앗공이를 받아서 방아를 찧었습니다. 그렇게 겨우 한

섬을 찧었는데 팔이 떨어져 나가는 듯하였습니다. 그런데 천 섬이나 될 듯한 벼가 남아 있었습니다.

"부모님 살릴 약수를 길어 와야 하는데 이를 어쩌나?"

바리공주가 기가 막혀서 멍하고 있는데, 어디서 참새 떼가 날아오더니 우글우글 앉아서 벼를 쪼기 시작했습니다.

'방아를 찧어 줘도 길을 알려 줄까 말까인데 새가 다 쪼아 먹으면 어쩌나?'

바리공주는 걱정이 되어 참새를 훠이훠이 쫓았습니다. 참새들이 날개를 퍼덕퍼덕하자 먼지가 자욱하게 일었습니다. 바리공주가 넋이 빠졌다가 가만히 살펴보니 참새들이 벼를 먹어 치운 것이 아니라 부리로 벼를 쪼고 날개로 바람을 일으켜 쭉정이를 날려 버린 것이었습니다. 천 섬이나 되는 벼가 모두 하얀 쌀이 되어 있었습니다.

약속한 대로 바리공주가 천 섬 방아를 다 찧어 주자, 아주머니는

"저쪽으로 열두 고개를 넘어가면 할머니 한 분이 길을 가르쳐 주실 거야."

하고 길을 일러 주었습니다.

아주머니가 일러 준 쪽으로 또 열두 고개를 넘었습니다. 바리공주가 한 곳에 다다르니 한 할머니가 냇가에서 빨래하고 있었습니다.

"할머니, 서천서역국 가는 길 좀 알려 주세요."

"빨래하기도 바빠서 길 가르쳐 줄 시간이 없다."

"그럼 제가 대신 빨래를 해 드릴게요."

할머니는,

"그럼, 검은 빨래는 희게 빨고 흰 빨래는 검게 빨아야 한다."

라고 말하고, 볕 좋은 너럭바위에서 잠을 자기 시작했습니다.

바리공주는 팔을 걷어붙이고 빨래를 시작했습니다. 검은 빨래는 열심히 빨았더니 흰옷이 되는데, 흰 빨래는 아무리 빨아도 검어지지 않았습니다. 그래도 부모님 구할 약수를 길어 오려면 하는 수가 없으므로 힘든 것도 참아 가며 퉁탕퉁탕 빨랫방망이를 휘둘렀습니다. 그렇게 한참을 팔이 떨어질 듯 방망이질을 하다 보니 눈물 콧물 먼지가 빨래에 묻어 마침내 검은 옷이 되었습니다.

"할머니, 빨래를 다 했으니 서천서역국 가는 길을 알려 주세요."

"오냐. 기특하구나. 저 높은 산을 넘어가면 알 수 있을 거다."

"할머니 고맙습니다."

바리공주는 할머니와 작별하고, 깊디깊은 산길을 걸어 높디높은 산을 넘기 시작했습니다. 넝쿨에 걸리고 가시에 찔리고 돌부리에 걸리면서도 걷고 또 걸어서 마침내 산을 다 넘었습니다.

산을 거의 다 넘었을 무렵, 너럭바위에 앉아 다리를 쉬며 하릴없이 먼 곳을 바라보는데, 건너편 산에 서기가 뻗치고 있었습니다.

'저리로 가 보자.'

바리공주가 거기로 가보니, 세 사람이 바둑을 두고 있었습니다. 바리

공주가 앞으로 나아가 절을 올렸습니다. 그러자 한 사람이 말하기를,

"너는 사람이냐 귀신이냐? 여기는 날짐승도 길짐승도 들어오지 못하는데 어떻게 들어왔느냐?"

"저는 불라국 일곱째 왕자입니다. 부모님 목숨을 구하러 약수를 길러 서천서역국에 가는 길이오니 부디 길을 알려 주세요."

그러자 두 눈을 지그시 감고 있던 사람이,

"불라국에 일곱째 공주가 있다는 말은 들었지만 일곱째 왕자란 말은 처음 듣는구나. 네가 하늘은 속여도 나는 못 속인다. 서해 바닷가에 버려졌던 너를 구한 것이 나인데 어찌 나를 속이느냐?"

"잘못했습니다. 험한 길을 가느라 남자 노릇을 해서 그렇습니다."

그러자 석가여래가 빙긋이 웃으며,

"착하고 기특하구나. 이미 삼천 리나 왔는데, 아직 삼천 리를 더 가야 한다. 그래도 가려느냐?"

"제가 가지 못하고 죽으면 부모님이 돌아가실 것이요, 부모님이 돌아가시면 제가 죽을 것이니, 어찌 되더라도 반드시 가야 합니다."

"네 말이 기특하니 내가 길을 가르쳐 주마. 약수를 구하려면 낭화가 있어야 할 텐데 낭화는 가져왔느냐?"

"바쁘고 정신이 없어서 못 가져왔습니다."

석가여래가 낭화 세 가지를 주시고 금지팡이를 주시며,

"네가 가진 무쇠 지팡이는 내게 주고 이 금지팡이를 받아라. 이 지팡이를 짚으면 험한 길이 매끈해지고 바다는 연못이 될 것이다."

"고맙습니다."

"그리고 이 꽃은 네게 어려움이 닥치면 도움이 될 것이다."

"고맙습니다."

"그리고 서천서역국에 도착하면 동수자를 만나야 약수를 길어 올 수 있을 것이다."

바리공주가 두 손으로 낭화와 금지팡이를 받고 몇 번이고 절을 하고 보니, 모두 어디론가 사라지고 보이지 않았습니다.

바리공주는 다시 길을 재촉하였습니다. 칼같이 날카로운 바위로 된 칼산지옥이 나왔습니다. 배고픈 사람에게 밥을 주어 공덕을 쌓지 못한 귀신들이 칼에 베이면서 고통을 받고 있었습니다. 바리공주가 금지팡이를 짚자 칼산이 매끈한 평지가 되더니 주름이 잡혔습니다. 바리공주가 한 걸음 내딛자 주름이 쫙 펴지면서 무사히 건널 수 있었습니다.

조금 가자 땅이 온통 이글이글 타는 듯한데 목마른 사람에게 물을 주는 공덕을 쌓지 못한 귀신들이 펄펄 끓는 무쇠솥 안에서 허우적거리며 고통을 받고 있었습니다. 바리공주가 금지팡이를 짚자 땅이 주름이 잡혔고, 바리공주가 한 걸음 내딛자 주름이 쫙 펴지면서 무사히 지날 수 있었습니다.

조금 가자, 차디찬 얼음 땅이 나왔는데 부모에게 효도하지 못하고 형제와 화목하지 못했던 귀신들이 얼음 속에 갇혀 있었습니다. 바리공주는 금지팡이를 짚어 무사히 건넜습니다.

바리공주는 금지팡이를 짚어 가며 가시넝쿨이 끝없이 펼쳐진 땅도 지나고, 독사들이 우글거리는 땅도 지났습니다.

그렇게 열두 지옥 천릿길을 지나니 한 곳에 당도하였습니다. 거기엔 쇠로 만든 성이 하늘에 닿을 만큼 높이 솟아 있었습니다. 바리공주가 가만히 귀를 기울여 들어 보니, 그 안에서 저승을 다스리는 왕들이 죄지은 귀신들을 문초하는 소리가 마치 오뉴월 개구리 울음소리 같았습니다. 배고픈 사람에게 밥을 주지 않은 사람, 목마른 사람에게 물을 주지 않은 사람, 헐벗은 사람에게 옷을 주지 않은 사람, 부모님께 효도하지 않은 사람, 형제간에 우애가 없었던 사람, 돈을 받고 나쁜 음식을 대접한 사람들이 각자 자기가 지은 죄에 따라 여러 가지 벌을 받는 소리였습니다.

지옥의 왕들이 바리공주를 보더니 깜짝 놀라,

"너는 사람이냐 귀신이냐?"

"저는 귀신이 아니고 부모님 약수를 길어 오려고 서천서역국을 가는 사람입니다."

지옥의 왕이 장부를 펼쳐서 보더니만,

"공주인 네가 오는 길에 왕자라고 석가여래에게 거짓말을 했으니 벌을 받아야 한다."

'내가 왕자라고 거짓말을 했었다고? 그럼 그 금지팡이를 주신 분이 석가여래셨다는 것이로구나. 거짓말해서 벌을 받는 것은 억울하지 않

으나 부모님 약수를 구할 기약이 늦어지면 어쩌담.'

바리공주는 속으로 걱정이 되었지만,

"부모님 약수를 얻을 수 있다면 그렇게 하겠습니다."

라고 하고는 지옥 왕이 인도하는 대로 쇠로 만든 성으로 들어가 감옥 안에 갇혔습니다.

그 안에는 벌을 받기 위해 기다리는 귀신들이 우글우글 갇혀서 고통으로 아우성을 치고 있었습니다.

"이곳에 얼마나 갇혀 있었습니까?"

"몇백 년도 갇혀 있고 몇천 년도 갇혀 있었습니다."

바리공주 그 말을 듣더니 너무나 불쌍하였습니다.

"저 문은 어떻게 여나요?"

"부처님의 낭화로 엽니다."

바리공주는 낭화라는 말에 깜짝 놀랐습니다. 석가여래께서 말씀하시기를, '네가 견디지 못할 큰 어려움이 닥치면 이 낭화를 던져라.'고 하셨는데, 잠시 망설이던 바리공주는 '이들은 너무나 불쌍하다!'라고 생각하고, 품에서 낭화를 꺼내 허공에 던졌습니다. 그러자 쇠로 만든 성이 무너지고 옥문들이 모두 덜컹덜컹 열렸습니다.

"극락 갈 이는 모두 극락으로 가세요."

그러자 불쌍한 귀신들이 모두 고통에서 벗어나 극락으로 올라가는 것이었습니다.

바리공주는 다시 금지팡이를 짚어 쇠로 만든 성을 지나 천 리를 갔습니다. 그랬더니 한 곳에 닿았는데, 약수 삼천 리였습니다. 이곳은 새의 깃털도 가라앉으니 타고 건널 배가 있을 턱이 없었습니다. 그때 바리공주는 석가여래께서 하신 말씀이 생각났습니다.

'네가 견디지 못할 큰 어려움이 닥치면 이 낭화를 던지라.'

그래서 품에서 딱 한 송이 남은 낭화를 꺼내 허공에 던졌습니다. 그러자 무지개다리가 생겼습니다. 바리공주는 그 다리를 타고 약수 삼천 리를 건넜습니다.

무지개다리를 다 건너서 바리공주는 한 곳에 당도하였습니다. 바로 서천서역국이었습니다. 석가여래께서 '동대산 동대청에 사는 동수자를 만나라'고 하셨지? 바리공주는 저멀리 보이는 산을 향해 걸음을 옮겼습니다.

동수자는 본디 하늘나라 사람인데 죄를 짓고 인간 세상에 내려와서 삼십 년 동안 서천서역국의 약물을 맡아 지켜오고 있었습니다. 하루는 하늘에서 목소리가 들렸습니다.

"동수자야, 동수자야. 이제 인간 세상에서 네 배필이 찾아올 것이다. 그를 만나 아들 삼형제를 낳으면 너는 삼십 년 죄를 씻고 다시 하늘로 오르리라."

동수자는 이 말을 반겨 듣고 동대산 어귀에서 배필이 찾아오기를 기다리고 있었습니다. 해가 설핏설핏 서산에 넘어가려는데 갑자기 인기

척이 나면서 사람 하나가 나타났습니다.

"당신은 사람입니까 귀신입니까? 무슨 재주로 그 험한 지옥을 지났습니까? 하늘에 닿은 쇠로 만든 성은 또 어떻게 넘어왔습니까? 새의 깃털도 가라앉는 약수 삼천 리는 어떻게 건너왔습니까?"

"나는 불라국 오구대왕의 막내딸 바리데기입니다. 동대산 동대청에 사는 동수자를 만나 약수를 구하여 부모님 병환을 낫게 하려고 오는 길입니다."

"이 산이 동대산이며, 내가 사는 집이 동대청이며, 내가 바로 동수자입니다."

"그러시다면 부모님 살릴 약수를 길어 가게 해 주세요."

"좋습니다. 그런데 길값, 꽃값, 물값은 가져오셨습니까?"

"바삐 오느라 미처 가져오지 못했습니다."

"그럼 길값으로 삼 년 동안 밥해 주시오."

"부모님 살릴 수 있다면 그렇게 하겠습니다."

"꽃값으로 삼 년 동안 꽃을 가꿔 주십시오."

"부모님 살릴 수 있다면 그렇게 하겠습니다."

"물값으로 삼 년 동안 물을 길어 주십시오."

"부모님 살릴 수 있다면 그렇게 하겠습니다."

그리하여 바리공주는 삼 년 동안 밥하고, 삼 년 동안 꽃 가꾸고, 또 삼 년 동안 물을 길어 값을 치렀습니다. 그러는 사이 어언 아홉 해가 지났습니다.

"이제 약수를 주세요."

"바리공주님. 사실 나는 하늘 사람인데 죄를 지어 그 벌로 여기로 쫓겨났습니다. 삼십 년 동안 약수를 지키고 아들 셋을 낳아야 나의 죄가 씻어진다오. 삼십 년은 채웠으니 이제 아들 셋을 낳으면 됩니다. 부디 저와 결혼해서 아들 셋을 낳아 주시오. 그러면 약수탕을 알려 드리겠습니다."

"부모님 살릴 수 있다면 그렇게 하겠습니다."

둘은 찬물을 떠 놓고 두 번씩 절을 하여 혼례를 치렀습니다. 백 년 부부가 된 것입니다. 그달부터 바리공주에게 태기가 있더니, 열 달을 고이 보내고 아들을 낳았습니다. 그렇게 연거푸 아들 셋을 낳았습니다.

그렇게 삼 년이 흘렀습니다.

"동수자님. 어젯밤 꿈에 보니, 아바마마 은그릇이 깨져 있고 어마마마 은수저가 부러져 있었습니다. 양전 마마가 이미 승하하신 것이 아닐까 걱정입니다. 약속대로 아들 셋도 낳았으니 이제 약수가 어디에 있는지 알려 주시오."

"바리공주님의 말씀이 옳습니다. 내 약수를 알려 드리리다. 공주님이 긷던 물이 약수입니다. 바리공주님이 길었으니 다른 사람은 효험이 없고 바리공주님이 뜬 물만 효험이 있습니다. 또 공주님이 가져오신 무쇠장군은 그동안의 공덕으로 금장군이 되어 있을 테니 거기에 담아 가면 됩니다.”

“부모님이 돌아가셨으면 어쩌지요?”

“바리공주님이 가꿔 오신 후원의 꽃을 가져가시면 됩니다.”

바리공주는 동수자와 함께 후원으로 갔습니다.

“이 흰 꽃은 무엇인가요?”

“그것은 뼈 살이 약꽃입니다.”

바리공주는 흰 약꽃을 두 송이 꺾어서 품에 넣었습니다.

“이 노란 꽃은 무엇인가요?”

“그것은 살 살이 약꽃입니다.”

바리공주는 노란 약꽃을 두 송이 꺾어서 품에 넣었습니다.

“이 붉은 꽃은 무엇인가요?”

“그것은 피 살이 약꽃입니다.”

바리공주는 붉은 약꽃을 두 송이 꺾어서 품에 넣었습니다.

“이 파란 꽃은 무엇인가요?”

“그것은 숨 살이 약꽃입니다.”

바리공주는 파란 약꽃을 두 송이 꺾어서 품에 넣었습니다.

약수와 약꽃을 구했으니 바리공주는 불라국으로 돌아가게 되었습니다. 동수자와 세 아들도 함께 가기로 하였습니다. 금장군에 약수를 담고 약꽃은 품에 넣고 드디어 길을 떠났습니다.

마지막 하나 남아 있던 낭화를 공중에 던져 약수 삼천 리에 무지개

다리를 놓아 건넜습니다. 쇠로 만든 성도 지옥도 바리공주 덕분에 금지팡이를 짚으니 천 리가 백 리가 되고, 백 리가 십 리가 되고, 십 리가 오 리가 되어 금세 훌쩍 지날 수 있었습니다.

불라국 도성을 향해 길을 재촉하다가 잠시 쉬고 있는데 하늘에서 낯익은 목소리가 들려왔습니다. 그때 금지팡이와 낭화를 주었던 석가여래였습니다.

"바리공주야, 이리 오너라."

하고 부르더니 품속에서 책을 한 권을 꺼내 주며,

"가다가 어려운 일이 생기면 이 책을 소리 내어 읽어라. 그러면 살아날 도리가 있을 것이다."

바리공주가 그 책을 받아들고,

"고맙습니다."

라고 인사하고 고개를 드니 석가여래는 온데간데없었습니다. 그 책을 품에 넣고 동수자와 삼형제를 데리고 불라국 도성으로 다시금 길을 재촉하였습니다.

얼마만큼 가고 있는데, 드디어 산 아래에 들판이 나타나고 멀리 도성이 보였습니다. 그런데 가만히 보니 도성에서 큰 가마도 나오고 작은 가마도 나오는 것이 가물가물 보였습니다. 마침 거기서 꼴을 베고 있던 목동이 있었습니다. 그 목동에게 그 이유를 물었습니다.

"삼 년 전에 오구대왕과 길대부인 양전 마마가 한날한시에 승하하셨는데, 약수를 길어 온다던 바리공주가 아무리 기다려도 오지 않으니 오늘 끝내 산에다 장사 지낸다고 합니다."

목동의 이야기를 듣자 바리공주는 천지가 아득했습니다. 동수자에겐 아이들을 데리고 잠시 기다리라 이르고, 부모님의 상여를 향해 달려갔습니다.

그때 도성 문에서 오구대왕과 길대부인의 상여가 나오는데, 조정 신하들이 호위하고, 여섯 사위는 갖가지 말을 타고 나오고 여섯 공주는 가마를 타고 나왔습니다.

바리공주가 상여 행렬을 보고 달려 들어오면서,

"여보시오. 상여를 멈추시오."

라고 외쳤습니다.

그런데 바리공주의 형부들은 나라를 나누어 차지할 욕심이 있었습니다. 그래서 상여 행렬의 앞을 지키던 망나니들에게 미리 이렇게 말해 두었습니다.

"누구라도 상여 행렬로 뛰어들면 길을 방해하지 못하게 하라."

그래서 망나니들은 상여 쪽으로 달려드는 바리공주를 보더니,

"요망한 것! 누가 감히 앞을 막아서느냐!"

라고 벼락같이 소리를 지르면서 달려들었습니다. 바리공주는,

"나는 아무 죄도 없다. 아바마마를 살리려고 서천서역국에 가서 약수를 구해 온 죄밖에 없다."

라고 외치며 실랑이를 하다가 앞으로 고꾸라졌습니다. 그때 품에서

책이 튀어나왔습니다. 그러자 바리공주가 거기 적혀 있는 주문을 단숨에 읽었습니다. 그러자 하늘에서 천둥이 치며 벼락이 내리치더니 망나니가 들고 있던 칼자루가 뚝뚝 부러지고 망나니들과 상여꾼들의 두 발이 땅에 딱 붙어 버리는 것이었습니다.

"하늘에서 벌을 내리신다!"

라며 여섯 공주와 부마들도 죄다 어디론지 달아났습니다.

바리공주가 신하들에게 말했습니다.

"상여를 궁궐로 다시 모시고 관을 열어 아바마마와 어마마마를 보게 해 주시오."

신하들이 어찌 공주님 명령을 어기랴? 상여를 궁궐로 다시 옮겨서 관을 열었더니 오구대왕과 길대부인이 돌아가신 지 삼 년이나 되었으므로 뼈만 남은 험한 꼴이 되어 있었습니다.

"아바마마, 어마마마. 소녀가 서천서역국에서 약수를 구해 왔습니다."

흰 꽃을 쓰다듬자 오구대왕과 길대부인의 뼈가 덜걱덜걱 붙었습니다. 노란 꽃을 쓰다듬자 살과 힘줄이 구름 피어나듯 뭉게뭉게 살아났습니다. 붉은 꽃을 쓰다듬자 핏줄이 거미줄같이 주룽주룽 퍼져 나갔습니다. 파란 꽃을 쓰다듬자 오구대왕과 길대부인이 숨을 쉬기 시작했습니다. 그러나 자는 듯 가만히 누워 있을 뿐이었습니다. 그때 바리공주가 금장군에서 약수를 퍼다가 오구대왕과 길대부인의 입속에 넣어 드렸습니다. 그러자 약수가 온몸으로 퍼지고 스며들더니 오구대왕과 길대부인이 기지개를 켜며 일어나 앉았습니다!

　오구대왕과 길대부인이 일어나 보니 만조백관과 백성들이 모두 쳐다보고 있었습니다.

"오늘이 내 생일인가? 무슨 일로 이렇게 모여 있느냐?"

라고 물었습니다.

"바리공주께서 서천서역국에서 약수를 구해 와 대왕을 살리셨습니다."

"내가 사나흘 자고 일어난 줄 알았더니, 우리 딸 바리공주 덕택에 내가 살아났구나. 내 딸아 어디 보자."

　바리공주가 부모님께 큰절을 올리고 그동안 있었던 일을 아뢰었습니다. 서천서역국 가는 길을 찾으며 밭 갈던 이야기, 흰 빨래 해준 이야기, 지옥 길 건너던 이야기, 쇠로 만든 성에서 있었던 이야기, 약수 삼천 리 건너던 이야기, 약수와 약꽃을 구한 이야기를 모두 아뢰었습니다. 오구대왕과 길대부인은 바리공주를 얼싸안고 위로하며 기쁨의 눈물을 흘렸습니다.

　한참을 그러다가 바리공주가 눈물을 뚝뚝 흘리면서,

"아버지, 제가 허락 없이 시집을 가서 자식을 셋이나 낳았습니다. 용서해 주십시오."

　오구대왕과 길대부인이 그 말을 듣더니,

"용서라니? 바리공주야. 그런 말 말아라. 아들을 셋이나 낳았다고?

듣던 중 반가운 말이로다. 어서 바삐 부마와 왕손을 찾아 모셔 오너라."

라고 명령했습니다. 나졸들이 동수자와 삼형제를 찾아 가마에 태우고 궁궐로 모셔 왔습니다.

바리공주가 낳은 삼형제가 우르르 달려와서 길대부인의 품으로 달려들었습니다. 길대부인이 깜짝 놀라,

"아이고 웬일이냐? 금덩이가 날아오나 옥덩이가 날아오나."

얼마나 반가운지 손주를 안아 들었습니다.

"나는 딸만 일곱을 낳았거늘 버렸던 바리공주는 아들을 셋이나 낳았으니 내 한이 다 풀렸구나."

그때 바리공주의 언니들은 창피해서 어디론가 도망가 버렸습니다. 부마 여섯도 나라 땅을 차지할 욕심에 바리공주를 훼방하였으니 벌을 받을까 무서워서 어디론가 달아났습니다.

바리공주가 오구대왕과 길대부인에게,

"이뻐도 내 형제, 미워도 내 형제입니다. 전부 찾아주옵소서."

그리하여 여섯 공주와 사위도 모두 찾아오니, 온 가족이 모이게 되었습니다. 만조백관들과 백성들도 만세 만세를 부르고 흥겨운 잔치를 벌였습니다.

그 후 오구대왕과 길대부인은 나라를 잘 다스리다가 돌아가시니 하늘에 올라 견우별과 직녀별이 되어 일 년에 한 번 만나게 되었습니다.

바리공주 일곱 자매도 나라를 잘 다스리다가 하늘로 올라 북두칠

성 별이 되었습니다. 북두칠성 자루의 끝에서 둘째 별이 바로 바리공주의 별입니다. 그리고 그 별 옆에 붙어 있는 별이 동수자의 별입니다. 바리공주의 아들 삼형제도 하늘로 올라 북두칠성 곁에 있는 삼태성이 되었습니다. 사위 여섯은 하늘 한구석에 좀생이별이 되었습니다. 오구대왕이 죽고 나면 나라를 차지할 욕심에 좀스럽게 모여서 속닥거렸기 때문에 그런 별이 되었다고 합니다.

맺음말

　세계의 여러 민족에게는 나름의 별과 별자리와 이야기가 있다. 우리에게도 재미있는 별과 별자리와 이야기가 있다. 이웃한 중국의 별자리도 받아들여서 거의 이천 년 동안이나 사용해 왔다. 요즘은 세계적으로 널리 퍼져 있는 서양 별자리를 쓰고 있다.

　우리 겨레의 별자리가 무엇무엇이 있었는지 정리해 보자. 북두칠성은 우리 겨레가 가장 중요시한 별자리다. 북두칠성 일곱 별 중에서도 가장 영험한 문곡성과 무곡성이 인간 세상으로 내려와 나라를 구한 영웅이 되었다는 이야기가 있다. 문곡성이 내려와 강감찬 장군이 되었고 무곡성이 내려와 이순신 장군이 되었다고 한다. 또한 북두칠성 곁에 있는 문창성은 최치원 선생을 기념하는 별이다. 삼태성이 내려와서 어사 박문수를 돕기도 하고 문창성이 퇴계 이황 선생을 시험하기도 한다.

　그들은 비바람을 부르고 가뭄과 홍수를 마음대로 한다. 뿐만이 아니라, 모기나 개구리와 같은 미물로부터 호랑이와 구미호는 물론이고 귀신이나 산신령이나 저승사자도 마음대로 부릴 수 있다. 별에서 왔으니까 당연하지 않은가? 또 그 별님들은 항상 백성들을 보호하고 잘 살게 해 준다.

이러한 이야기는 곧이곧대로 역사적 사실로 받아들이면 곤란하지만, 우리가 기억해야 할 것은, 이러한 이야기들은 사람들의 입에서 입으로 전해 오면서 이 땅에 살던 사람들이 그 영웅들을 얼마나 사랑했는지를 보여 준다는 점이다.

우리 겨레의 소박한 이야기를 담고 있는 별자리도 있다. 말굽칠성, 짚신할미, 짚신할애비에 얽힌 이야기 말이다.

당금애기가 세쌍둥이를 낳아 길렀는데 역경을 이기고 아버지 칠성님을 만나 당금애기는 삼신할미가 되어 칠성 곁으로 올라가 별이 되었고 세쌍둥이도 별이 되었다고 한다. 바리데기 신화에서는 바리데기가 아버지 목숨을 구하기 위해 저승까지 가서 약수를 길어 왔다. 덕분에 바리공주의 일곱 자매는 하늘로 올라가 북두칠성이 되었는데, 바리데기는 국자의 끝에서 두 번째 별이고 그 별 곁에 바짝 붙어 있는 별이 바리데기의 남편인 동수자의 별이라고 한다. 또 여섯 형부는 장인을 구할 생각은 하지 않고 나쁜 마음을 품고 좀스럽게 모여서 속닥거렸기 때문에 하늘에 올라가서도 좀생이별이 되었다고 한다. 또 바리데기가 낳은 삼형제는 북두칠성 곁에 있는 삼태성이 되었다고 한다.

비록 소박하기는 하지만, 사람이 살아가면서 겪게 되는 역경의 극복, 가족의 소중함, 늙으면 겪게 될 서러움 등을 우리에게 말해 주고 싶은 것 같다. 게다가 그리스 신화인 페르세우스 이야기와 견주어 보면 비슷한 구석이 매우 많이 나타난다. 우리 겨레는 그런 이야기를 하늘의 별로 새겨 놓았다. 이 책을 읽고 난 여러분은 이제 밤하늘에서 그

별이 무엇인지 집어낼 수 있을 것이다. 이제 그 이야기를 친구들에게
해 줘도 좋을 것 같다.

찾아보기

밤하늘에 새겨진 우리 겨레의 영웅과 신들

우리 별자리 이야기

ⓒ 안상현, 2021

개정판 1쇄 발행 2021년 11월 29일

지은이   안상현
펴낸이   이기봉
편집   좋은땅 편집팀
펴낸곳   도서출판 좋은땅
주소   서울특별시 마포구 양화로12길 26 지월드빌딩 (서교동 395-7)
전화   02)374-8616~7
팩스   02)374-8614
이메일   gworldbook@naver.com
홈페이지   www.g-world.co.kr

ISBN   979-11-388-0422-6 (03440)